민간계약문서로 본
중국의 토지거래관행

이 도서는 2009년도 정부(교육과학기술부)의 재원으로 한국연구재단의 지원을
받아 출판되었음(NRF-2009-362-A00002).

중국관행
자료총서
12

기획 | 민간계약문서 시리즈 ❷

# 민간계약문서로 본
# 중국의 토지거래관행

허혜윤

편저

인천대 중국학술원 중국 · 화교문화연구소
(중국) 河北大學 中國社會經濟史硏究所
공동기획

學古房

## 『중국관행자료총서』 간행에 즈음하여

한국의 중국연구가 한 단계 심화되기 위해서는 무엇보다 중국 사회 전반에 강하게 지속되고 있는 역사와 전통의 무게에 대한 학문적·실증적 연구로부터 출발해야 할 것이다. 역사의 무게가 현재의 삶을 무겁게 규정하고 있고, '현재'를 역사의 일부로 인식하는 한편 자신의 존재를 역사의 연속선상에서 발견하고자 하는 경향이 그 어떤 역사체보다 강한 중국이고 보면, 역사와 분리된 오늘의 중국은 상상하기 어렵다. 따라서 중국문화의 중층성에 대한 이해로부터 현대 중국을 이해하고 중국연구의 지평을 심화·확대하는 연구방향을 모색해야 할 것이다.

근현대 중국 사회·경제관행의 조사 및 연구는 중국의 과거와 현재를 모두 잘 살펴볼 수 있는 실사구시적 연구이다. 그리고 이는 추상적 담론이 아니라 중국인의 일상생활을 지속적이고 안정적으로 제어하는 무형의 사회운영시스템인 관행을 통하여 중국사회의 통시적 변화와 지속을 조망한다는 점에서, 인문학적 중국연구와 사회과학적 중국연구의 독자성과 통합성을 조화시켜 중국연구의 새로운 지평을 열 수 있는 최적의 소재라 할 수 있을 것이다. 중층적 역사과정을 통해 형성된 문화적·사회적·종교적·경제적 규범인 사회·경제 관행 그 자체에 역사성과 시대성이 내재해 있으며, 관행은 인간의 삶이 시대와 사회의 변화에 역동적으로 대응하는 양상을 반영하고 있다. 이 점에서 이러한 연구는 적절하고도 실용적인 중국연구라 할 것이다.

중국관행자료총서의 일환으로 기획된 민간계약문서 시리즈의 2편인 『민간계약문서로 본 중국의 토지거래관행』은 우리 연구소가 중국 하북대학 중국사회경제사연구소와 약 3년에 걸쳐 공동 작업을 한 결과물을 분가·상속 편과 토지 편으로 나누어 1편인 『중국의 가정, 민간계약문서로 엿보다: 분가와 상속』과 함께 낸 것이다. 중국 토지계약문서는 민간과 국가의 관계 그리고 토지에 대한 인식 및 법률과 관행의 관계 등 여러 측면을 읽어낼 수 있는 중요한 자료이다. 이 책에서는 본

연구소가 중국 하북대학과 함께 명대부터 민국시기까지의 토지 관련 문서를 수집하여 수차례의 검토를 거친 80여 건의 문서에 대한 내용 번역과 해설을 덧붙였다.

국내의 역사학·인류학·민속학·사회학·경제학 등 여러 분야에서 토지문제를 연구하는 학자들은 그동안 언어상의 한계로 중국 계약문서와 같은 1차 자료에 접근하기 어려웠다. 중국의 토지 문서에 대한 상세한 해설을 제공한 이 책은, 토지에 대한 관념 및 토지 거래관행에 대해 한중일의 사례를 공시적·통시적으로 비교하며 이해하고자 하는 연구자 및 일반인에게 좋은 길잡이가 될 것이다.

『중국관행자료총서』는 중국연구의 새로운 패러다임을 세우기 위한 토대 작업으로 기획되었다. 객관적이고 과학적인 실증 분석이 새로운 이론을 세우는 출발점임은 명확하다. 특히 관행연구는 광범위한 자료의 수집과 분석이 결여된다면 결코 성과를 거둘 수 없는 분야이다. 향후 우리 사업단은 이 분야의 여러 연구 주제와 관련된 자료총서를 지속적으로 발간할 것이며, 이를 통하여 그 성과가 차곡차곡 쌓여가기를 충심으로 기원한다.

2018년 8월
인천대학교 중국학술원
중국·화교문화연구소
(HK중국관행연구사업단)
소장(단장) 장정아

## 하북대학 류추건 교수 서문

한국의 인천대학교 중국학술원 손승희 교수가 주도하고 있는 민간계약문서 시리즈는 중국 전통계약문서에 나타난 중국인의 일상적 행위양식을 해독해낸 것이다. 이것은 한국과 중국 학술계가 공동으로 진행한 중국 법률 및 중국 사회경제문화에 대한 중요한 연구 성과일 뿐 아니라, 한국의 독자들에게 중국의 전통문화를 소개할 수 있는 훌륭한 작품이다. 이 시리즈는 분가편을 시작으로 토지편, 상업편을 계속해서 출판할 예정에 있는데 손승희 교수가 필자에게 서문을 부탁해왔다. 이런 뜻깊은 중한 학술문화교류의 기회를, 더구나 이 책이 인천대 중국학술원과 하북대학 중국사회경제사연구소 인력의 공동 연구의 결과물일진대 필자가 어찌 마다할 수 있겠는가?

인천대학교 중국학술원은 수립 이후 줄곧 중국학 연구에 힘써왔다. 2009년부터 시작하여 인천대학교 중국학술원 중국·화교문화연구소(당시에는 인문학연구소 : 역자)는 중국사회경제 관행의 인문학연구에 힘써왔다. 본 민간계약문서 시리즈는 중국학술원이 진행하고 있는 중국관행연구 성과 중의 하나이다. 본 시리즈의 출판을 주관하고 있는 손승희 교수는 일찍이 중국 복단대학復旦大學 역사학과에서 중국근현대사연구로 박사학위를 받았으며, 지속적으로 중국 사회경제사, 문화사 연구에 종사하여 현저한 성과를 내고 있다. 손 교수와는 2012년 산서대학의 학술대회에서 처음 만났지만, 민간계약문서에 관한 본격적인 교류는 2014년부터 시작되었다. 즉 2014년 산서대학山西大學 진상학연구소晉商學研究所가 주최했던 상방사商幇史 주제의 학술대회에 참석했을 때, 손 교수는 자신이 연구하고 있는 중국 관행慣行연구와 명청 이후의 민간계약문서 해제에 관한 계획을 제안하며 하북대학河北大學 중국사회경제사연구소中國社會經濟史研究所와 공동 연구를 하고 싶다는 뜻을 전달해왔다.

당시 필자는 계약문서에 관한 연구를 시작한 지 이미 수년이 되었고, 특히 진상晉商 민간자료 - 계약문서 및 비각碑刻자료 - 의 정리와 연구를 진행하고 있었기 때문에 흔쾌히 동의했다. 이에 따라 관련 자료의 수집에 착수하고 관련 전공자들로 조직을 꾸려 번역과 해독을 진행하게 되었던 것이다. 2015년 10월에는 손 교수의 초청으로 필자는 아름다운 한국의 인천을 방문할 기회를 가졌다. 인천대 중국학술원이 개최했던 〈실"사"구시實"史"求是 - 자료의 발굴과 중국연구〉 국제학술대회에 참석하기 위한 것이었지만, 중국학술원과 정식으로 MOU를 맺고 공동 연구 계약서에 사인하기 위한 것이기도 했다. 그 후 2년 정도의 작업을 통해 계약문서의 원문 탈초, 현대문 번역 및 간략한 해제를 덧붙여 중국학술원에 건네주었고, 이에 대해 손 교수가 연구와 이론분석 및 정리를 진행하여 체제를 갖추고 한글로 번역하는 작업을 거쳐 본 시리즈의 첫 결과물이 세상이 나오게 된 것이다.

현재 중국의 전통계약문서에 대한 연구는 대개 세 가지 유형으로 나눌 수 있다. 첫째 유형은 계약문서의 형식, 작문 방식, 각 항목 및 그 장기지속적인 변화 등을 연구하는 것으로, 계약문서학이라 부를만한 것이다. 둘째 유형은 계약문서를 자료로 활용하여 명청시기의 경제, 상인, 지역경제문화, 관습법, 향촌사회 등의 주제를 집중 연구하는 것이다. 셋째 유형은 본 시리즈의 각권처럼 계약문서의 내용을 고증하고 해석할 뿐 아니라, 계약문서에 포함되어 있는 사회, 경제, 법률상의 문제에 대해 구체적으로 연구를 진행하는 것이다. 말하자면 본 시리즈는 이 두 가지 연구의 특징을 다 가지고 있다고 할 수 있다.

중국 계약문서는 그 내용이 복잡하여 내용에 따라 토지문서, 재산문서, 부역賦役문서, 상업문서, 종족宗族문서, 관부官府문서, 회사會社문서, 사회관계문서 등으로 나눌 수 있다. 이번에 출판되는 민간계약문서 시리즈는 그중 전형적인 유형인 분가문서, 토지문서, 상업문서를 선택하여 이에 대한 연구와 소개를 진행한 것이다. 본 시리즈 각 권은 계약서 이미지, 원문 탈초와 해설을 함께 수록하여 전공자들이 연구에 활용할 수 있도록 했고 일반 독자들의 이해를 돕기 위해 시각적인 효과도 극

대화시켰다고 생각한다. 결론적으로 말하면 본서는 손승희 교수의 주관하에 중한 쌍방 학술단이 정성을 기울여 완성한 우수한 연구 성과물이다.

계약문서는 중국 전통사회 민간법을 연구하는 데 활용할 수 있는 훌륭한 텍스트이며 중국 전통사회를 들여다 볼 수 있는 하나의 창이다. 민간에서 작성되어 보존되고 있는 계약문서는 국가법과는 별개의 다른 사회질서가 존재했음을 반영하는 것이다. 중국 고대 민간법은 가족법규, 각종 민간조직이 제정한 규범, 촌규村規, 향약鄕約 및 각종 풍속습관 등을 포함하고 있는데, 그중 가장 흔히 볼 수 있는 물질적인 형식이 곧 계약문서이다. 계약문서는 전통 사회에서 민간의 생활을 규범한다는 점에서 중요한 역할을 발휘했으며, 혼인婚姻, 양자(過繼), 재산분할과 계승, 재산거래(産業交易), 세금완납(完糧納稅), 상업합과商業合夥, 대차, 상품거래 등 중국인의 일상생활에서 이루어지는 중요한 경력과 활동이 모두 투영되어 있다. 따라서 계약문서는 민간의 사회생활 규범체계 전체를 구성하고 있는데, 이것이 바로 관행 즉 민간의 관습이다.

이러한 체계는 내용이 풍부하여 삼라만상을 모두 포괄하고 있지만, 본 시리즈는 그중 법제사 측면에서 몇 가지 방면에 집중하여 연구를 진행한 것이고 일엽지추一葉知秋에 불과할 뿐 연구해야할 과제들은 여전히 산적해있다. 이것은 중국과 외국 학술계가 연합하여 공동으로 공력을 들일만한 중요한 연구과제이다. 이런 점에서 필자는 한국의 인천대학교 중국학술원에 상당한 기대를 하고 있다. 계약문서를 심도 있게 해독하고 연구하는 것은 중국을 이해하고 중국의 역사와 문화를 탐색하는 중요한 통로가 되기 때문이다.

2018년 5월 18일

중국 바오딩시保定市 잉빈샤오취迎賓小區 자택에서 류추건

# 서문

　본서에는 우리 연구소가 소장하고 있는 토지문서와 하북대학 중국사회경제사연구소中國社會經濟史硏究所가 제공한 토지문서 등 80여건의 토지관련 문서의 원문과 번역, 그리고 해설이 실려 있다. 하북대 중국사회경제사연구소 소장인 류추건劉秋根 교수는 저명한 경제사학자로 현재『산서 민간계약문서의 수집, 정리 및 연구山西民間契約文書的搜集整理與硏究』라는 국가 연구과제를 수행하고 있으며 그 성과로『산서민간계약문서집성山西民間契約文書集成』총80권의 출판을 앞두고 있다.

　여기에 수록된 토지관련 문서는 주로 명청대와 중화민국시기의 것이며 중화인민공화국시기도 포함되어 있다. 중국 역사상의 토지문서는 토지의 매매, 전당이나 소작 계약시 작성하였던 계약서 등을 포함하며 그 기본적인 내용은 해당 토지의 위치, 경계, 가격, 그리고 계약 당사자 및 중개인, 증인 등의 서명이 기재되어 있다.

　이미 한漢대에도 토지 매매 계약서가 존재했으며 처음에는 단순히 개인 간의 계약을 증명하는 문서였지만 후대로 가면서 개인 간의 계약서 작성이 보편적인 민간의 관행으로 굳어졌다. 이러한 민간의 계약서 작성 관행에 국가가 개입하면서 명청시기에 와서는 민간의 토지문서, 즉 다양한 내용을 담고 있는 토지 관련 계약서는 소정의 절차를 밟은 다음 법률의 보호를 받게 되었다. 또한 근대적인 토지등기제도가 확립되지 않았던 명청 시기에는 토지의 소유권을 비롯한 다양한 권리를 증명하는 중요한 증빙문서가 되었다.

　이러한 역사적 연원과 특징을 지니고 있는 토지문서는 지역과 시기에 따라 당시 사회의 제반 문제들을 살펴볼 수 있는 귀중한 가치를 지니고 있다. 토지문서가 가지는 중요성으로 인해 그동안 중국이나 일본 등에서도 토지문서의 수집과 정리, 연구가 많이 진행되었다.

본서에 수록된 토지문서는 농지·산지·택지 등 다양한 토지를 대상으로 한 계약 행위를 증명하는 문서들이다. 본서에서는 계약문서의 내용에 따라 매매, 전당, 소작 등으로 분류하고, 계약의 대상에 따라 농지·산지·택지 등으로 다시 분류하였다. 현재 남아있는 토지계약서는 일반적으로 매매계약문서가 가장 큰 비중을 차지한다. 본서의 토지문서도 매매계약문서가 가장 많으며 계약의 대상으로는 농지가 가장 많은 수를 차지하고 있다.

토지문서의 원문 탈초와 해설 부분은 류추건 교수와 그의 제자인 펑즈차이彭志才, 펑쉐웨이馮學偉, 캉젠康健, 천톈이陳添翼, 궈자오빈郭兆斌, 장창張强, 장펑張鵬, 양판楊帆 교수 등께서 함께 해주셨고 한글 초역은 서울대 동양사학과 박사과정 이상훈, 채경수 선생님께서 수고해주셨다. 그리고 중국학술원 연구보조원들도 많은 도움을 주었다.

본서에 수록된 다양한 지역과 시기를 포함하는 계약문서들에 대한 일독은 중국 연구자 뿐만 아니라 중국 토지거래의 역사적 과정에 관심을 가진 모든 연구자와 일반 독자에게도 흥미로운 경험이 될 것이다.

2018년 8월
인천대학교 중국학술원 중국·화교문화연구소

# 목차

**일러두기**

1. 원문에는 속자, 약자 등도 포함되어 있지만 본서에서는 번자체를 위주로 했다

2. 판독이 불가능하거나 탈락한 글자가 있는 경우 글자 수만큼 □로 표시했다.

3. 원문의 명백한 오자나 통용자는 〔 〕 속에 적합한 한자를 넣었다.

I

導論

# 1 토지계약문서의 내용

　중국의 토지계약문서는 地契、地券、田契 등 다양한 이름으로 불린다. 중국 역사상 민간에서 토지 매매 혹은 전당이나 소작 계약시 작성하였다. 기본적인 내용은 토지의 위치와 토지명, 일련번호, 경계, 면적 등 토지 전반에 대한 설명, 그리고 거래의 사유, 가격, 계약 당사자 및 중개인, 대필인, 증인 등의 서명이 기재되어 있다. 이외에도 계약의 내용 혹은 상황에 따라 다양하고 구체적인 특약 사항이 추가되기도 하였다.

　漢代에도 이미 토지 매매 계약서가 있었고 東晉 시기에는 토지 매매자로부터 거래된 액수에 따라 세금을 징수하였다. 唐代에 토지를 매매할 때는 계약 쌍방이 계약서를 작성하고 이를 담당 관청에 신고하기도 하였다. 宋代에 와서 민간에서 토지를 매매할 때는 관련 계약서를 관청에 제출하고 관인을 받는 규정이 생겼다. 이후에는 담당관청의 관인이 찍혀 있어야 비로소 법률적인 효력을 갖게 되었다.

　토지계약서의 기본 내용은 명청대를 거쳐 중화민국 시기에 이르기까지 큰 변화 없이 일정한 양식을 갖추고 있다. 가장 중요한 것은 거래되는 토지에 대한 자세한 설명이다. 먼저 위치에 대한 자세한 설명이 나온다. 아울러 土地名과 국가에 등록된 일련번호 등을 명시한다. 토지명이란 각각의 토지에 위치나 지형 등의 특징에 따라 고유한 이름을 붙인 것이다. 다음으로 일련번호는 『魚鱗圖冊』 속에 기재된 토지의 일련번호이다. 『魚鱗圖冊』은 명청시기 관청이 토지를 관리하기 위하여 사용한 장부이다. 『千字文』의 글자를 사용하여 순서를 매기고, 다시금 각 字號 아래에 각각의 토지를 서로 다른 字號를 사용하여 하나하나 일련번호를 매겨서 마치 물고기 비늘처럼 보여서 『魚鱗圖冊』이라고 하였다.

다음으로는 면적과 사방의 경계에 대한 서술이다. 명청시기 이후 토지의 면적단위로는 주로 畝를 사용하였으며 지역과 시기별로 차이가 있기는 하지만 대개 1畝는 약 200평 정도이다. 사방의 경계는 보통 四至라고 하여 동서남북 방향의 경계를 말한다. 지형지물이나 인접한 토지의 소유주 등을 기록하여 최대한 자세하게 설명한다.

위와 같이 거래의 대상이 되는 토지 전반에 대해 자세하게 설명한 후 해당 거래를 하는 사유도 기록한다. 생활의 곤궁함 등의 경제적 원인이 대부분이지만 이외에도 농사짓기에 불편한 위치라던가 또는 다른 재산을 취득하기 위해서 등등 다양한 사유들도 등장한다.

다음으로는 거래 당사자 이외에도 다양한 인물군이 등장한다. 대개는 중개인, 증인, 대필인 등이다. 거래를 원하는 사람이 중개인을 찾고 중개인은 거래 당사자 쌍방 사이에서 가격 등의 여러 가지 사항을 조정한다. 이런 과정을 통하여 거래가 결정되면 정식으로 계약서를 작성하는 것이다. 해당 거래에 관한 전반적인 내용을 상세하게 기록한 후 당사자들과 중개인, 거래과정에 대한 증인, 대필인 등이 서명한다. 물론 이런 인물들은 대개 친족의 범위 내에 있으며 이외에도 그 마을의 보갑, 향약과 관련된 인물 등도 등장한다. 이들은 전문적인 직업인이 아니었지만 이런 거래를 중개하거나 증인, 대필을 해주게 되면 소정의 수고비를 받거나 거래 당사자들이 주관하는 연회에 참석하기도 하였다.

위에서 설명한 기본적인 내용 이외에도 다양한 상황에 따른 구체적인 특약사항도 설명한다. 제일 중요한 것은 거래대상인 토지나 가옥 등을 둘러싸고 벌어질 수 있는 분쟁의 소지에 대해 설명하고 이런 상황을 미연에 방지하거나 실제로 그런 분쟁이 발생했을 때 어떻게 처리할 것인가 하는데 구체적인 설명을 하고 있다.

먼저 거래대상에 대한 권리관계를 분명하게하기 위해 토지나 가옥에 관련된 이전의 구 계약서 즉 老契 등의 양도가 매우 중요하게 다뤄진다. 특히 소유권 이전시에는 이전의 구 계약서 등도 함께 넘기는 경우가 대부분이고, 부득이하게 그렇지 못할 경우 그 사유를 설명하고, 필요한 경우에는 구 계약서를 참조할 수 있다는 단서를 붙이기도 한다.

또한 명청시기에는 부동산 등의 재산에 대해 친족의 先買權이 존재하였다. 이는 어떤 마을에서 토지나 가옥, 특히 토지를 매매하고자 할 경우 먼저 친족의 범위 내에서 토지를 살 사람을 물색하는 과정을 거쳐야 했다. 친족 내에서 매수 의사를 나타내는 사람이 없을 경우에야 다른 집안이나 다른 지역으로 범위를 넓혀 찾을 수 있었다. 이는 여러 가지 원인이 있지만 철저하게 대가족, 친족 중심의 사회에서 총 자산이 줄어드는 결과를 방지하기 위해서였을 것이다.

이런 이유 때문에 매매계약서 안에는 해당 거래와 관련하여 가족이나 친족이 이의를 제기하는 경우에는 매도인이 이를 전적으로 책임지며 매수인은 관계가 없다는 조항이 첨부되었다. 이는 위에서 살펴본 친족의 토지선매권으로 인한 분쟁 상황을 염두에 둔 것이다.

이외에도 거래 이후 계약을 파기하는 경우를 대비한 다양한 조항들도 있다. 대개는 취소하거나 파기할 수 없다는 조항을 넣는 이외에도 먼저 파기하는 쪽이 물어야하는 구체적인 벌금의 액수를 정하는 경우도 많았다.

# 2 토지계약문서와 국가법률

　중국 고대부터 존재한 토지계약문서는 처음에는 단순히 개인 간의 계약을 증명하는 문서였다. 그러나 후대로 오면서 개인 간의 계약문서 작성의 전통은 보편적인 민간의 관행으로 굳어졌다. 또한 이러한 민간의 계약서 작성 관행에 국가가 개입하면서 명청 시기에 와서는 민간의 토지문서, 즉 다양한 내용을 담고 있는 토지 관련 계약문서는 소정의 절차를 밟은 다음 법률의 보호를 받게 되었다. 즉 근대적인 토지등기제도가 확립되지 않았던 명청 시기에는 민간의 토지계약문서가 토지의 소유권을 비롯한 다양한 권리를 증명하는 중요한 증빙문서의 역할을 하였다. 아래에서는 민간의 토지계약문서가, 특히 매매계약문서가 어떠한 절차를 거쳐 국가로부터 법률적 보호를 받게 되었는지 살펴본다.

　稅契란 소정의 세금을 납부하고 관청의 공인을 거친 계약서로서, 송대에는 赤契라고 하였고, 원, 명, 청대에는 紅契 혹은 朱契라고 하였다. 稅契와 반대로 관청의 공인을 받지 않은 계약서를 白契, 私契, 草契 등으로 불렀다. 紅契라는 명칭은 거래 과정에서 관청의 인가를 받고 더불어 관청에 계세, 즉 일종의 거래세를 납부하면 관청이 인가한 후 관청의 인장을 찍은데 연유한다. 관청의 인장은 대부분 붉은 색을 사용하였기 때문에 紅契라고 부른 것이다. 白契는 紅契와 상대화하여 말하는 것으로 거래 과정 중에서 민간에서 사적으로 서로 주고받는 행위이며 관청에 계세를 납부하지 않아 관청의 인장도 없다. 실제로 관청의 인가를 받지 않은 사적인 거래행위는 엄격한 의미로 말하면 불법계약이었다. 비록 명청시기 국가는 토지 등 부동산에 대한 관리를 강화하기 위해서 관청에서 공식적으로 인쇄 발행하는 官契紙를 사용할 것과 일종의 거래세인 계세를 납부할 것을 요구하면서 여러 차례 민간의 초계를 폐지하도록 명령하기도 했다. 그러나 토지 사유의 확대와 상품경제의 발전에 따라 민간의 거래는 점점 더 빈번해졌고, 국가의 제도와 복잡한 양상의 민간의 토지 거래라는 현실 사이에는 매우 큰 간극이 존재하였다. 그리하여 "官府에는 政法이 있지만 민간은 私約을 따른다"라는 현상이 보편적으로 발생하였고 민간의 白契 또한 보편적으로 사용되었다. 白契는 비록 세금은 내지 않지만 대량으로 통용되었고 이 때문에 재산권의 증빙 문서로 동일한 합법성을 가지고 있었다.

청대의 稅契 수속 과정은 이전 시대에 비해 비교적 엄격하였다. 청대 이전에는 稅契는 일반적으로 거래 쌍방이 함께 관청에 가서 처리하였다. 계세를 납부하고 받는 일종의 납부증명서인 청대의 契尾에는 일반적으로 布政使司의 명의로 해당 관청에 전달한 계세 납부 시의 수속 규정 및 주의 사항 등이 인쇄되어 있었다. 그리고 원 소유주의 성명, 매수인의 성명, 토지의 위치, 면적, 토지에 딸린 물건, 가격, 세량, 일련번호, 매수인의 성명, 契尾 발급 날짜, 위조 방지 마크 등이 있었다.

청대 계세를 납부하는 구체적 방법은 다음과 같았다. 담당 관리는 토지 매수인 등을 里長 및 매도인 등과 함께 관청에 오게 하여 사실대로 매매 액수를 보고하도록 하고, 銀 1량 당 銀 1分을 세금으로 거두었다. 담당 관리는 거두어들인 은량의 액수를 契尾에 기입하고 장부에 등록하여 계절마다 모두 포정사에게 보내 해당 액수를 보냈음을 증명하였다. 稅契 수속을 처리하였다는 중요한 표지는 민간에서 작성한 계약서 뒷면에 契尾를 붙이는 것이다. 이렇게 원래의 계약서에 관청에서 발행한 계미를 덧붙인 계약서를 '二連契'라고 부른다.

稅契 후에 토지거래는 '過戶割糧'의 과정을 거쳐야 했다. 이는 거래된 토지에 할당되어 있는 세금의 명의를 매도인에게서 매수인으로 넘기는 것이다. 그리고 그 목적은 매매 이후에 토지세를 매수인이 부담하도록 하는데 있었다. 만약 세금의 명의 이전 과정을 거치지 않으면 명청대의 법률은 거래된 토지의 면적에 따라 처벌규정

을 명시하였다. 그리고 세금 명의를 이전하시 않은 토지는 관에 몰수되었다. 만약 稅契를 갖추지 않고 세금 명의 이전을 하지 않는 원인이 매도인에게 있다면, 매도인이 처벌받도록 하였다.

개인 간에 만들어진 계약문서는 위와 같은 복잡한 과정을 거쳐 국가의 법률에 의해 보호받는 중요한 재산권 증빙문서로 변화되었다. 다음에서는 매매, 전당, 소작 등의 거래에서 작성된 다양한 민간계약문서들을 살펴보기로 한다.

# II

# 매매계약문서

# 1 매매계약의 관행

　명청 시기의 부동산 매매거래에서는 '絕賣'와 '活賣'라는 특수한 관행이 존재했다. 절매란 오늘날의 매매와 비슷한 개념이다. 매매계약문서에서 절매를 뜻하는 표현은 주로 '賣', '絕賣', '杜賣', '斷賣', '永賣'를 포함한다. 매매계약에서 소유권의 완전한 양도를 절매라고 한다. 매매계약서에는 앞부분에 절매의 성격을 드러내고 있는 표현이 있다. 보통 '立斷賣契', '立絕賣契' 혹은 '立杜賣契'가 그것이다. 또한 계약서 말미에도 다음과 같이 적어서 이를 재차 명시한다. "한 번 팔면 끝이며, 이후에 감히 다른 소리를 하여 되찾을 수 없다" 혹은 "매도인은 영원히 되찾을 수 없으며 또한 돈을 보태서 찾을 수도 없다", "한 번 팔면 끝이며 영원히 새로운 주인의 것이 된다", "입으로 뱉은 말을 글로 적길 한 번 팔면 끝으로 영원히 그 소유 관계가 끊어지며 말꼬리를 잡거나 들추어내거나 가격을 흥정해 다시 되찾으려는 일이 영원히 없도록 한다" 이런 표현은 해당 매매가 절매라는 것을 가리킨다.

　절매와 비교하여 활매는 계약문서에서 일반적으로 '賣'혹은 '典'이라고 불린다.

　활매란 시가보다 일정 정도 싼 가격으로 파는 대신 일정한 기한 내에 다시 되찾을 수 있는 권리를 부가한 매우 특이한 형태의 매매형식이었다. 활매는 부동산의 전당과 비슷한 면도 가지고 있다. 『大淸律例』는 明律이 설정한 典과 賣의 범주를 계승하는 동시에 典에 대해서는 진일보한 개념규정을 하였는데 그 내용은 다음과 같다. "대금을 받고 바꾸어주되 기한을 약정하여 되찾을 수 있는 것을 일컬어 典이라 한다"(『大淸律例』권9, 『戶律·田宅·典買田宅·條例』). 청초에는 율문에 있는 "전택을 典賣할 때 계약에 대한 납세(稅契)를 하지 않으면 태 50이다"라는 규정에 의거하여 典과 賣 모두에 契稅를 부과하였다. 그러나 건륭제가 즉위한 지 오래지 않아 "活契典業은 민간에서 일시적으로 銀錢을 빌리는 것이므로 원래 납세의 例에 들어가지 않는다. 이후로는 그들이 편한 방식으로 하도록 허가하여 계약을 할 때(관)인을 사용하고 稅銀을 수취할 필요가 없다(『淸朝文獻通考』卷31, 『征榷考六·雜征斂』)."라는 諭旨를 내렸다. 해당 諭旨는 분명하게 活契典業을 납세의 범위 밖으로 배제하였고 買賣, 즉 절매에 대해서만 세금을 부과하였다. 그 후 건륭 24년 "무릇 민간에서 田·房의 典當을 活契한 것에 대해서는 모두 그 납세를 면제한다. 모든 賣契는 杜絶의 여부를 막론하고 모두 세금을 납부하도록 한다. 먼저 전당을 잡혔다가 후에 매각하는 경우는 典契에서 이미 납세를 하지 않았기 때문에 賣契(와 마찬가지로) 은량의 실제 액수에 따라 세금을 납부한다. 만약 숨기거나 누락하는 것이 있으면 법률에 따라 처벌한다(『(嘉慶)大淸會典事例』卷605, 『戶部·戶律田宅』)."라는 내용을 율령의 정식 조문으로 삽입하였다. 이 때문에 민간에서는 자주 전당의 방식을 채용하여 토지의 活賣 거래를 진행하기도 하였다.

절매가 아닌 활매 계약의 겨우 분쟁의 대상이 되는 경우가 많았는데 그 이유는 회속권을 전제로 했고 加找, 혹은 找貼을 허용한 때문이다. 회속권을 부가하여 매매한 이후 시간이 지남에 따라 지가가 상승하면서 원래의 활매 금액과 차이가 나게 되면 그 차액을 추가로 요구하는 것이다. 이런 조첩은 장기간에 걸쳐 여러 번 요구하기도 하여 분쟁의 소지가 다분하였다. 정부에서는 법률에 의해 조첩의 기한, 횟수 등을 제한하는 법률을 시행하였지만 민간의 조첩 관행은 매우 보편적으로 광범하게 이루어졌다.

다음에서는 구체적인 매매계약문서의 내용을 살펴볼 것이다.

## 1) 농지 매매 계약서

**01** 명 선덕 2년 李志真 농지 매매 계약서　　　　안휘성, 1427

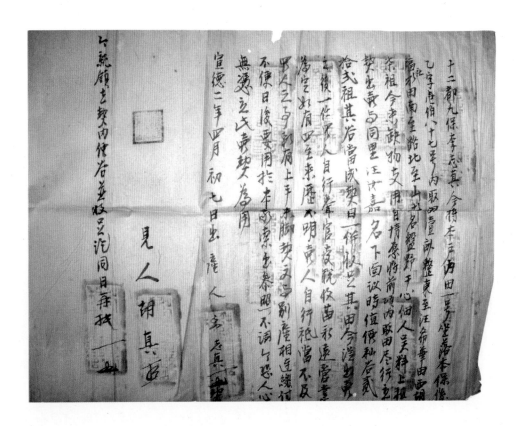

十二都九保李志真今將本戶內田一號, 坐落本保係乙字壹佰八十七號, 內取田
壹畝整, 東至汪希華田, 西胡福祉田, 南至路, 北至山, 土名盤野干心, 佃人吳料
上, 租柴祖[租]。 今來缺物支用, 自情願將前項內取田盡行立契出賣與同里汪汝
嘉名下, 面議時值秈穀貳拾貳祖[租], 其穀當成契日一倂收足, 其田今從出賣之
後, 一任買人自行聲官交稅收苗, 永遠管業為定, 如有四至來歷不明, 賣人自行
祗當, 不及買人之事, 所有上手來腳契文, 與別產相連, 繳付不便, 日後要用, 於
本家索出參照不詞。 今恐人心無憑, 立此買契為用。

宣德二年四月 初七日出產人 李志真(押)
見人 胡真(押)
今執領去契內價穀, 并收足訖, 同日再批。

12都 9保의 李志真은 현재 자신의 토지 1號, 즉 해당 保에 위치하는 乙字 1187號,
면적은 1畝이고 동쪽은 汪希華의 토지, 서쪽은 胡福祉의 토지, 남쪽은 도로, 북쪽
은 산에 이르는 토지명이 盤野幹心인 농지를 소작인 吳料上에게 7租를 받는 조건
으로 임대하고 있다. 그러나 지출하여 쓰기에 부족하여 스스로 원하여 앞의 항목의
토지를 같은 마을의 汪汝嘉에게 팔기로 하고, 만나서 의논하여 매매 가격을 秈穀
22租로 하였으며, 계약 당일에 이를 모두 수령하였다. 토지 매매 이후 매수인은 스
스로 관청에 세금을 납부하고 영원히 이 토지를 관리하기로 하였다. 만약 토지의
경계 내력에 불명확한 부분이 있다면 매도인이 책임지며 매수인은 이와 상관이 없
다. 이전의 계약서는 다른 재산과 관련이 있어서 교부할 수 없다. 이후 사용할 때
에는 해당 집안에 두고 찾아서 참조하도록 하였다. 지금 증빙이 없을 것이 우려되
어 이 계약서를 작성하여 사용한다.

선덕 2년 4월 초7일 매도인  李志真(서명)
                  증인  胡真(서명)

오늘 계약서에 적힌 매매대금에 해당하는 곡물을 수령하였고, 이를 모두 다 받았다는 것을 같은 날에 다시 표시하였다.

**해설**

　농지를 절매한 홍계이다. 위치, 일련번호, 면적, 사방의 경계, 토지명 등 기본적 사항이 기록되어 있다. 토지의 설명에서 언급한 乙字 1187號는 『魚鱗圖冊』 속에 기재된 토지의 일련번호 정보이다.

　매매대금은 화폐가 아닌 곡물로 받았으며, 해당 토지를 소작 주면서 받았던 연간 소작료의 약 3배가 넘는 금액을 매매대금으로 책정하였다. 또한 해당 토지와 관련된 이전의 계약서들은 매도인의 다른 재산과 관련되어 있기 때문에 매수인에게 넘겨줄 수 없음을 명시하고 필요할 경우 계약서를 참조할 수 있다는 것도 명시하였다. 이는 해당 토지로 인한 분쟁이 발생했을 경우 이전의 소유권 관계를 명확하게 증명하는데 목적이 있다.

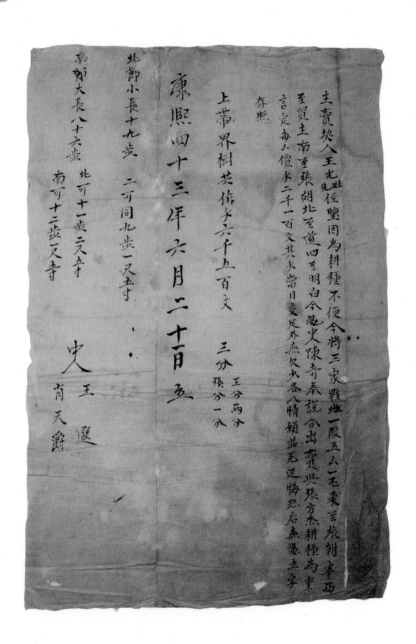

主賣契人王光魁先侄鑒, 因為耕種不便, 今將三家夥地一叚, 五厶一厘, 東至張
朝宰, 西至買主, 南至張胡, 北至道, 四至明白, 今憑中人陳奇奉說合, 出賣與張
方杰耕種為業, 言定每厶價錢二千一百文, 其錢當日交足, 外無欠少。各人情願,
並無反悔。恐後無憑, 立字存照。

上帶界樹共作錢六千五百文　三分王分兩分張分一分

康熙四十三年六月二十一日立

北節小長十九步　二可同九步一尺五寸

南節大長八十六步　北可十一步二尺五寸　南可十二步一尺五寸

中人　王選、肖天爵

농사짓기에 불편하여 王光魁와 王光先은 조카 王鑒과 함께 자신들 세 집안이 공
동으로 소유하고 있는 한 필지의 토지, 一 (면적은) 5畝1釐이고 동쪽은 張朝宰(의
토지), 서쪽은 매수인(의 토지), 남쪽은 張胡(의 토지), 북쪽은 도로에 이르며 사방
의 경계가 매우 분명하다ー를 중인 陳奇奉의 조정을 통해 張方杰에게 매도하여
농사를 짓고 자신의 산업으로 삼도록 한다. 매매 대금은 1畝당 2,100文으로 상의
하여 정하였고 해당 대금은 계약 당일에 납부를 완료하여 부족분이 없도록 하였다.
각자 모두 마음으로 원하였으니 결코 돌이키려 해서는 안 된다. 이후에 증빙이 없
을 것을 우려하여 계약서를 작성하고 보존하여 참조한다.

토지에 딸려 있는 수목은 가격을 6,500文으로 환산한다.

강희 43년 6월 21일 작성

북쪽의 적은 부분은 길이가 19보이며 양쪽이 같다. 넓이는 9보 1척 5촌이다

남쪽의 큰 부분은 길이가 86보이며 양변 중 북쪽은 11보 2척 5촌, 남쪽은 12보 1척

5촌이다.
중개인　王選、肖天爵

　　농지를 절매한 백계이다. 왕씨 집안의 3명이 공동으로 소유하고 있던 토지를
농사짓는데 불편하다는 이유로 매도하였다. 면적과 경계, 매매가격을 명시하였
다. 여기에서 文은 동전의 단위이다. 농지에 딸린 수목의 가격도 동전으로 환산
하여 함께 지불하였다. 또한 대략적인 측량사항도 기록하였다.

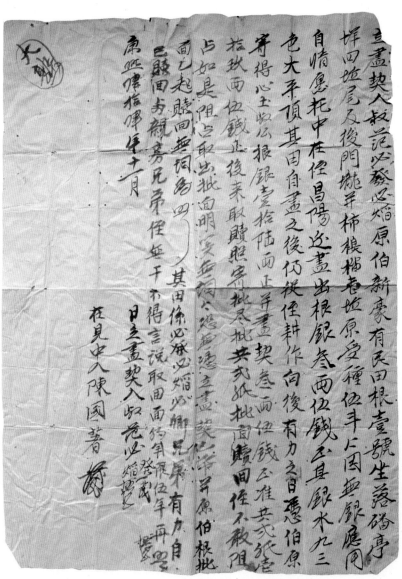

원문

立盡契人叔范必發、必焰, 原伯新豪有民田根壹號, 坐落礄亭垟四坵尾及後門壟并柿□榴壹坵, 原受種伍斗. 今因無銀應用, 自情願托中在侄昌陽邊盡出根银參两伍錢正, 其银水九三色大平頂, 其田自盡之後仍從侄耕作. 向后有力之日, 憑伯原寄得心国叔公根银壹拾陸两正, 并盡契參两伍錢正, 准共二紙壹拾玖两伍錢正. 後来取贖照寄批盡批共貳紙, 批回贖回, 侄不敢阻占. 如是阻占, 取出批回, 明算無詞. 今恐无憑, 立盡契一纸, 并原伯根批回一起贖回無詞爲照. 其田係必發、必焰、必卿兄弟, 有力自己贖回, 與親房兄弟侄無干, 不得言說. 取回面約年限伍年, 再照.

康熙肆拾肆年十一月　日立盡契人　叔范必發(押)、必焰(押)
在見中人陳國著(押)

大熟

번역

加找 계약서를 작성한 사람은 숙부인 范必發, 范必焰으로 원래 伯父 新豪가 가지고 있던 1필지 민전의 田根, 그 위치는 礄亭垟四坵尾와 後門壟并柿□榴壹坵에 걸쳐 있으며 곡물 5斗를 파종하는 규모이다. 지금 매도인들이 사용할 돈이 없어서 중개인에게 협상해줄 것을 청하고 스스로 원하여 이 토지를 조카 昌阳쪽으로부터 가조하였다. 금액은 3兩 5錢으로 93成色의 白銀으로 지불되었고 조카 昌陽이 경작한다. 이후 매도인이 해당 토지를 회속할 수 있을 때, 이전에 활매한 心國 숙부의 田根 금액인 16兩과, 이번에 작성한 加找 계약에서 정한 가전 3兩 5錢, 두 가지 계약서상의 합계 19兩 5錢을 모두 반환한다. 이후 회속시에는 두 가지 계약서에 따라서 이 토지를 함께 회속할 수 있으며 조카 昌陽은 방해하거나 자기 마음대로

점유해서는 안 된다. 만약 방해하거나 점유할 경우에는 이 계약문서를 증거로 하여 토지를 회속한다. 이번 계약 내용에 대해 분명하게 계산을 하였고 다른 의견이 없다. 지금 증빙이 없을 것을 우려하여 가조계약서 1장을 작성하고 아울러 원래 백부의 田根 계약서와 함께 회속할 때 다른 의견 없이 증거로 삼는다. 이 토지는 必發, 必焰, 必卿 3형제가 공동으로 소유하였으므로 그들이 스스로 회속할 여력이 생기면, 다른 형제나 자식, 조카는 간여하거나 왈가왈부할 수 없다. 이 토지를 회속할 수 있는 기한은 5년이다. 이 계약서를 작성하여 다시 증거로 삼는다.

강희 44년 11월 일 가조계약서 작성자 숙부 范必發(서명)、必焰(서명)

증인 겸 중개인 陳國著(서명)

대풍

농지를 활매한 이후 추가로 대금을 요구하여 받은 것을 기록한 加找 계약서이다. 숙부들이 공동으로 소유한 토지를 이전에 16량 5전에 조카에게 활매하였고 다시 가조계약서를 작성하여 3량 5전을 추가로 받았다. 회속 가능한 기간을 5년으로 정하였고 기한이 되어 19량 5전을 지불하면 회속하는데 아무런 문제가 없다고 명시하였다. 그리고 친족 사이의 거래이지만 다른 친인척들은 이 거래에 대해서 이의를 제기할 수 없음도 명시하고 있다.

계약서 왼쪽 윗부분에 대풍이라고 적어 넣은 것은 대풍을 기원한다는 의미이다.

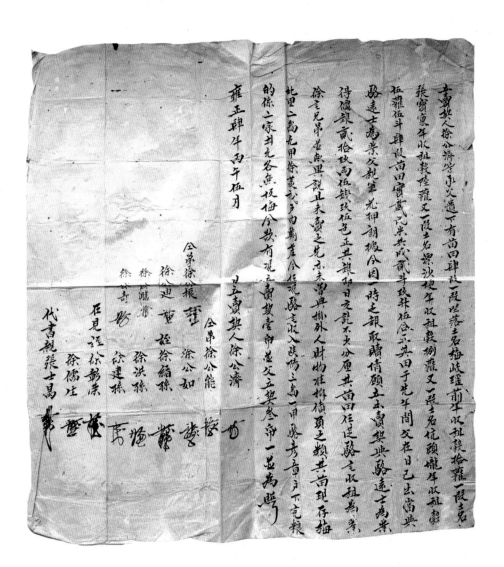

立賣契人徐公濟等, 承父遺下有苗田肆段, 一段坐落土名梅岐瑤前, 年收租穀
什籮, 一段土名张宝窠, 年收租穀陸籮, 又一段土名漂沙埂, 年收租穀捌籮, 又
一段土名坑頭壟, 年收租穀伍籮伍斗. 肆段苗田實載民米共成貳斗玖升伍合正.
其田于先年間父在日已出當典駱遠土爲業, 父親筆花押朗據. 今因一時乏銀取
贖, 情願立出賣契與駱遠远土爲業, 得價銀貳拾玖兩伍錢九五色正, 其銀即日
交訖, 不少分厘. 其苗田任從駱宅收租爲業. 徐宅兄弟并無異設, 且未賣之先,
亦未曾典挂外人財物、准拆債負之類, 其苗現存梅北里二圖九甲徐羨我户内輸
差, 今任憑駱宅收入峽陽三圖一甲駱彦章户下完粮. 的係二家甘元,各無反悔,
今欲有憑, 立賣契壹并帋父立契三帋, 一并爲照.

雍正肆年丙午伍月　日立賣契人　徐公濟(押)、
　　　　　　　　　全弟　徐公能(押)、全弟　徐公振(押)、
　　　　　　　　　　　　徐公如(押)、徐公迪(押)、
　　　　　　　　　姪　徐縉孫(押)、徐公瞻(押)、徐洪孫(押)、
　　　　　　　　　　　　徐公奇(押)、徐建孫(押)、
　　　　　　　　在見侄　徐彰榮(押)、徐儒生(押)
　　　　　　　　代筆親　張士昴(押)

농지 매매 계약을 작성한 徐公濟 등은 아버지로부터 물려받은 苗田 네 필지를 소
유하고 있다. 한 곳은 梅岐瑤前에 위치하며 1년에 수확하는 곡물은 10籮(대나무로
만들어 곡물을 담는데 사용하는 용기의 일종으로 1籮는 약 25kg)이다. 다른 한 곳
은 張寶窠에 위치하며 1년에 수확하는 곡물은 6籮이다. 또 한 곳은 漂沙埂에 위치

하며 1년에 수확하는 곡물은 8籮이다. 그리고 또 한 곳은 坑頭壟에 위치하며 1년에 수확하는 곡물은 5籮 5斗이다. 위 네 필지 농지의 면적은 파종하는 곡물의 수량으로 환산하여 합하면 2斗 9升 5合이다. 이 토지는 부친이 살아 계실 때 이미 駱遠士에게 전당 잡혔으며 부친이 친필로 쓰고 서명한 증거가 있다. 현재 회속할 돈이 없기 때문에 스스로 원하여 이들 토지를 절매하는 계약서를 작성하여 駱遠士의 산업으로 삼게 하였고 매매대금으로 29兩 5錢 95色의 은량을 받았다. 이 돈은 금일 지급을 완료하여 한 푼도 모자라지 않았다. 이 토지는 駱씨 집안이 租額을 수취하고 산업으로 삼는다. 徐氏 집안의 형제는 다른 의견이 없으며, 또한 매매 이전에 전당을 잡혀서 다른 사람의 재물을 취하거나 혹은 다른 사람에게 남아있는 빚이 있다거나 하는 일은 없다. 그 賦稅는 현재 梅北里 二圖 九甲에 있는 徐羑의 戶 내에서 납부하였으나 이제 駱氏 집안이 원하는 바대로 峽陽 三圖 一甲의 駱彦章의 戶에서 세금을 납부한다. 이는 두 집안이 함께 동의하였으니 쌍방은 돌이키려 해서는 안 된다. 이후 증빙을 위해서 이 매매계약서를 작성하고, 부친이 이전에 작성한 계약서 3장까지 함께 증거로 삼는다.

옹정 4년 병오년 5월 일 매매계약서 작성자 徐公濟(서명)

      동생 徐公能(서명), 동생 徐公振(서명)

         徐公如(서명), 徐公迪(서명)

      조카 徐繪孫(서명), 徐公瞻(서명)

         徐洪孫(서명), 徐公奇(서명)

         徐建孫(서명)

      증인 조카 徐彰榮(서명), 徐儒生(서명)

      대필인 張士昺(서명)

농지 절매 계약서이다. 해당 토지는 먼저 전당을 잡혔다가 이후에 매도한 경우이다. 전당잡힌 토지를 회속할 능력이 없기 때문에 절매 계약서를 작성하여 해당 토지를 완전하게 매매하였다. 그리고 매도인 집안에서 납부하던 賦稅는 매수인 집안으로 이전되었다.

  계약서의 마지막 부분에서 언급한 "본 매매계약서 1장과 부친이 작성한 계약서 3장"이라는 부분은 본 계약 이전의 계약문서, 즉 老契의 처리를 말하는 것으로, 새로운 소유주에게 주어 증빙으로 삼게 하였다.

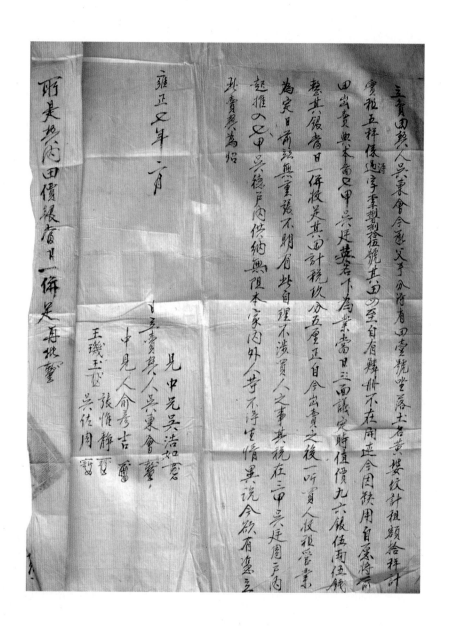

立賣田契人吳東會, 今將父手分得有田壹號, 坐落土名黃婆墳, 計租額拾秤, 計
實租五秤, 系過字壹千捌百捌拾伍號, 其田四至, 自有魚鱗冊, 不在開連. 今因缺
用, 自願將前田出賣與本圖七甲吳廷英名下為業, 當日三面議定, 時值價九六
銀伍兩伍錢整, 其銀當日一併收足, 其田計稅玖分五厘正. 自今出賣之後, 一聽
買人收租管業為定, 日前竝無重複不明, 有此自理, 不涉買人之事, 其稅在三甲
吳廷周戶內起, 推入七甲吳德戶內供納無阻, 本家內外人等不得生情異說. 今
慾有憑, 立此賣契為照。

見中兄吳浩如(押)

雍正七年二月　日立賣契人吳東會(押)

中見人俞彥吉(押)、王璣玉(押)、張悔靜(押)、吳佐周(押)

聽是契內田價銀, 當日一併足, 再批(押)

매매계약서를 작성한 吳東會는 현재 부친으로부터 받은 농지 1필지, 토지명 黃婆
墳라는 곳에 위치하며 명목상 소작료는 10秤이지만 실제로는 5秤이며 過字 1885
號이고 토지의 경계는 魚鱗冊에 있으니 다시 언급하지 않는다. 吳東會는 현재 쓸
돈이 부족하여 스스로 원하여 이 토지를 같은 圖 7甲의 吳廷英에게 매도하여 산업
으로 삼도록 하였다. 계약 당일에 3자가 모여 의논하여 매매대금을 96銀 5량 5전
으로 정하였고, 대금은 당일에 모두 수령하였다. 해당 토지에 할당된 세금은 9分
5厘이다. 본 매매 이후 매수인은 소작료를 받고 관리하기로 하였다. 이전에 중복
매매와 불분명한 내력이 없었으며 있다고 하더라도 매도인이 처리해야 하며 매수
인과는 관계가 없다. 해당 토지의 세금은 3甲인 吳廷周의 戶에서 7甲인 吳德의

戶로 이전하여 납부에 문제가 없도록 하였으니 本家의 사람들은 다른 마음을 먹고 다른 소리를 해서는 안 된다. 지금 증빙이 있기를 원하여 이 매매계약서를 작성하여 증거로 삼는다.

증인 형 吳浩如(서명)

옹정 7년 2월 일 매매계약서 작성인 吳東會(서명)

증인 俞彦吉(서명)、王璣玉(서명)

張悔靜(서명)、吳佐周(서명)

듣기로는 계약서 상의 매매 대금을 당일에 모두 수령하였다고 하여 다시 주석을 달았다.(서명)

---

**해설**

농지를 매매한 홍계이다. 매매 당사자, 해당 자산의 내원, 토지에 대한 설명, 중개인, 책임한도의 설명, 친척과 이웃의 권리, 계약 시기, 서명, 加批 등으로 구성되어 있다. 계약 끝부분에 부가된 문구를 加批 또는 外批라고 한다. 加批란 작성된 계약에 대해 구체적인 내용을 보충 설명하는 것이며, 계약의 본문과 마찬가지로 법적인 효력을 가지고 있다.

본 계약서에는 해당 토지의 '推收過割'이 비교적 명확하게 되어 있다. 즉 매도자인 吳東會가 소재하는 3甲의 吳廷周의 戶로부터 매수인 吳廷英이 소재하는 7甲의 吳德의 戶로 '推收過割'하여 세금을 납부하도록 한 것이다. 이는 토지 매매시에 즉시 '推收過割'이 이루어진 사례이다.

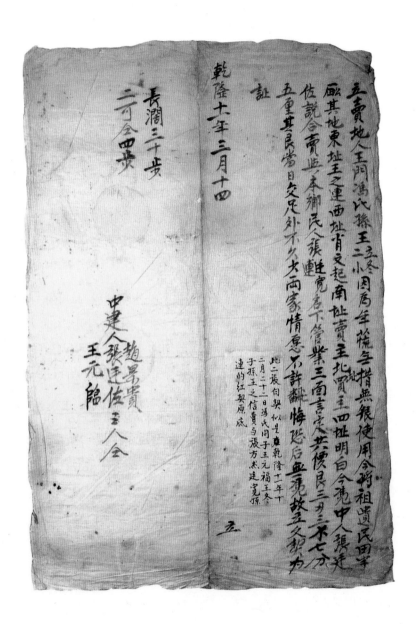

立賣地人王門馮氏、孫王立冬二小, 因為年慌無措, 無銀使用, 今將祖遺民田半

畝, 其地東址王之連, 西址肖文起, 南址賣主, 北址買主, 四址明白, 今憑中人張

廷佐說合, 賣與本鄉民人張廷寬、連名下管業, 三面言定共價艮三兩三錢七分五

厘, 其艮當日交足, 外不欠少. 兩家情愿, 不許飜悔. 恐後無憑, 故立文契為証。

此二張白契似是乾隆十一年十二月二十二日馮氏同子王元福、王冬子、孫王之信賣與張方杰、
廷寬、孫連的紅契原底。

乾隆十一年三月十四[日] 立
長闊三十步
二可仝四步
中建人 趙景貴 張廷佐 王元臨 三人仝

王氏 가문의 馮氏와 손자 王立冬, 王二小는 흉년을 맞아 사용할 돈이 없어서 조상이 남긴 0.5 畝의 토지 — 동쪽은 王之連(의 토지), 서쪽은 肖文起(의 토지), 남쪽은 매도인(의 토지), 북쪽은 매수인(의 토지)에 이른다. 사방의 경계는 분명하다 — 를 중개인 張廷佐의 조정을 통해, 같은 마을 사람인 張廷寬, 張連에게 팔아서 산업으로 삼도록 한다. 삼자가 대면하여 매매대금을 3량 3전 7분 5리로 상의하여 정하였고, 매매대금은 계약 당일에 납부를 완료하여 부족분이 없도록 하였다. 두 가문이 모두 마음으로 원하였으니 돌이키려 해서는 안 된다. 이후에 증빙이 없을 것을 우려하여 이 서면계약서를 작성하여 이후의 증거로 삼는다.

이 두 장의 백계는 건륭 11년 12월 22일 馮氏와 아들 王元福, 王冬子, 손자 王之信이 張方杰、張廷寬、張連 등과 맺은 매매 紅契의 원본일 가능성이 있다.

건륭 11년 3월 14[일] 작성

길이는 30보이며 양쪽은 동일하게 4보이다.

중개인 趙景貴、張廷佐、王元臨

　　농지를 매매한 백계이다. 할머니와 손자 2명이 공동으로 매매계약을 체결하였고 사방의 경계와 가격등 기본적인 사항들을 기록하였다. 그리고 뒷부분에 작은 글씨로 추가한 부분은 이 계약서와 또 다른 1장의 계약서가 같은 해 12월에 체결한 홍계의 원본일 가능성을 명시하였다. 기본적인 측량사항도 기록하였다.

立断约人姜国政今因欵買姜崇墀田庄憑

銀不足自愿将烏慢田一坵賣以加十寨

姜明名下為業当日三面議定実价紋艮一千

二両自断之後不許外人爭論如有此色

係权妻主向前理澌所賣三嵗各無

反悔今欵有尾立批断新約以為後照

乾隆十二年十一月初二日

　　　　　　　　代筆中姜富岩

　　　　　　　　　老欧姜延得

　　　　　寿罷　　姜老喬岩

　　　　　　　吒捆艮三職

外此嘉慶五年二月補价拾二両付與延得

代筆姜國政　　　　延努軍

立斷約人姜國政, 今因欲買姜岩圽田坵, 價銀不足。自願將烏慢田一坵賣以加十寨姜虎明名下爲業, 當日三面議定, 實價紋艮一十二兩正。自斷之後, 不許外人爭論。如有此色, 俱在賣主向前理落, 所買所賣二家各無反悔。今欲有憑, 立此斷約以爲後照。

乾隆十貳年十一月十七日　　　立
憑中　壽熊、姜老喬、姜富宇、喬岩、老歐
吃捆艮三錢
外批: 嘉慶五年二月, 姜廷得作價拾二兩付與廷得管業
代書薑國政(押)、廷芳筆(押)

姜國政은 姜岩圽의 토지를 구매하려는데 자금이 부족하여 烏慢田 1坵를 加十寨의 姜虎明에게 斷賣하였으며, 당일에 삼자가 의논하여 정하고 가격은 紋銀 12兩이다. 매매한 이후에는 다른 사람들은 이 거래에 대해 이의를 제기할 수 없다. 만약 이런 일이 생기면 매도인이 처리해야 하며 쌍방 모두 후회하거나 돌이키려 해서는 안 된다. 증빙을 원하여 매매계약서를 작성하여 이후에 참조한다.

건륭 12년 11월 17일 작성
증인　姜壽熊、姜富宇、姜老歐、姜老喬、姜喬岩
첨언: 가경 5년 2월, 12량으로 廷得에게 매매하였다.
대필인　姜國政、廷芳

　　토지 단매, 즉 절매계약 백계이다. 계약서의 첫 부분에 '斷'이라는 글자를 써서 매매의 성격을 명시하고 있다. 토지 단매의 원인은 일반적으로 집안에 자금과 양식이 없거나, 장사를 하려고 필요한 자금을 구하기 위해, 혹은 중대한 변고가 생겼기 때문이다. 그러나 이 계약은 조금 다른데, 토지 매도의 원인이 다른 토지를 구매하기 위한 자금이 부족해 이를 확보하기 위해서이다. 이 외에 첨언을 통해 알 수 있듯이, 이 토지의 구매자는 계약 후 몇 십 년 후에도 원가(12량)로 이 토지를 다시 매매하였다. 이로부터 가경 연간과 건륭 연간의 수 십 년 사이에 토지 가격에 변화가 없었다고 할 수는 없고, 단지 이 토지의 주인이 중대한 사유가 있어서 급하게 토지를 매매한 것이라고 추측할 수 있다.

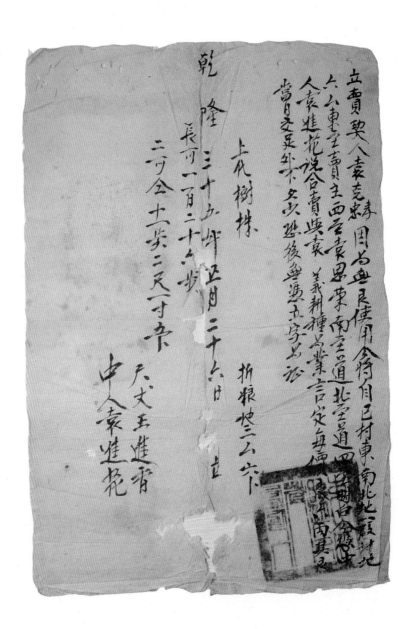

立賣契人袁克孝、忠, 因為無艮使用, 今將自己村東南北地一叚, 計地六畝, 東
至賣主, 西至袁思榮, 南至道, 北至道, 四至明白, 今憑中人袁進花說合, 賣與袁
義耕種為業, 言定每價艮六兩, 其艮當日交足, 外不欠少。恐後無憑, 立字為証。
上代樹株 折糧地三厶六分

乾隆三十五年正月二十六日 立
長可一百二十六步
二可仝十一步二尺一寸五分
尺丈　王進霄
中人　袁進花

袁克孝와 袁克忠은 사용할 돈이 없어서 마을의 동쪽 모퉁이에 있는 남북 방향의
토지 一 (넓이는) 모두 계산하면 6畝, 동쪽은 매도인(의 토지), 서쪽은 袁思榮(의
토지), 남쪽은 도로, 북쪽도 도로에 이른다. 사방의 경계는 매우 분명하다 一 를 중
개인 袁進花의 조정을 통해 袁義에게 팔아 농사짓고 산업으로 삼도록 하였다. 상
의하여 결정한 畝당 가격은 6兩이며 대금은 당일에 납부를 완료하여 부족분이 없
도록 하였다. 이후에 증빙이 없을 것을 우려하여 이 서면계약서를 작성하여 이후의
증거로 삼는다.

건륭 35년 정월 26일 작성
길이는 126보이다.
양쪽은 동일하게 11보 2척 1촌 5분이다.

측량인　王進霄
중개인　袁進花


**해설**

　　농지를 매매한 홍계이다. 기본적인 사항 이외에 특기할 만한 것은 측량인의
성명과 실제 측량한 수치를 기록하였다.

立賣契人宋泰然, 因無錢使用, 情願將自己平地五畝□分, 其地坐落平定里十甲, 應納錢糧銀叁錢玖分, 憑中說合, 出賣于本里七甲楊文煊名下永遠為業。同中言定, 時值價銀叁拾貳兩整。當日交足。恐后無憑領寫官契存照。自交價以後不許賣主回贖, 如有親族鄰人原業以及無賴棍徒爭碍等情即送官嚴究。

地內窯座、房間、樹株、井眼盡在賣數

再此地坐落行村土名東厰地, 東至楊茂, 西至楊世昌, 南至宋戶地, 北至道, 四至界址分明。


同中人　李文模(十字押)、南游(十字押)

代書人　段孔陽(押)

行村鄉地　楊世昌(十字押)

乾隆三十五年十二月二十六日 立賣契人 宋泰然(十字押)

宋泰然은 사용할 돈이 없어서 스스로 원하여 본인 소유의 平定里 10甲에 있는 5畝의 토지를 은 32량의 가격으로 楊文煊에게 팔고, 楊文煊은 이 토지의 소유권을 취득하는 동시에 매년 국가에 錢糧 은 3錢 9分을 납부해야 한다. 이 토지를 인수인계할 때 대금은 당일에 지급을 완료하고 증빙을 남기기 위해 관청에 가서 官契紙를 수령하였다. 매매 이후에는 매도인이 回贖하는 것을 허락하지 않으며 만약 누구든 이에 대해 이의를 제기하면 즉시 관청으로 보내져 조사하는 것을 약정한다. 또한 이 토지 내에는 가마, 건물, 나무, 우물 등 부속물이 없다. 이 땅의 위치는 行村, 토지명은 東厰地이고 동쪽은 楊茂의 토지, 서쪽은 楊世昌의 토지, 남쪽은 宋씨 집안의 戶토지, 북쪽은 도로에 이르며 사방의 경계가 분명하다.

중개인　李文模(십자서명)、南游(십자서명)

대서인　段孔陽(서명)

行村鄉地　楊世昌(십자서명)

건륭 35년 12월 26일 매매계약서 작성인 宋泰然(십자서명)

해설

　토지를 절매한 홍계로 官契紙를 사용하였다.

　모두 4매의 관인이 찍혀있고 절반만 남아 있는 관인은 절취용 부분에 찍힌 것으로 나머지 절반은 없어진 契尾의 위쪽에 있을 것이다. 行村 위에 찍힌 인장은 판별이 불가능하나 鄉地나 村政 등과 관련이 있을 것이다.

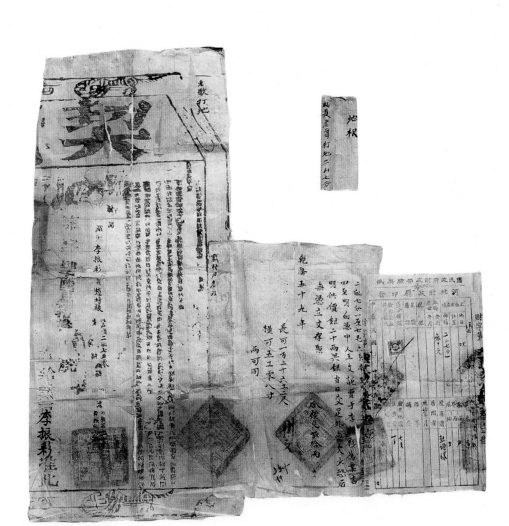

[原契]

二畝七分一厘七毛六絲, 南至□□□□□□□□, 四至明白, 憑中人王文說賣於 李振彩為業, 言明共價銀二十兩, 其銀當日交足, 外無欠少。恐後無憑, 立文存 照。

合價艮式拾兩

乾隆五十九年

長可一百二十六工二尺

橫可五工零八寸

兩可同


[驗契]

國民政府財政部驗契紙

河北省財政廳印發

[원계]

건륭 59년 趙增禄은 면적이 2畝 7分 1厘 7毫 6絲의 토지 1필지를 중개인 王文의 조정을 통해 李振彩에게 팔아 산업으로 삼도록 했다. 상의하여 확정한 가격은 은 20량이며 계약 당일에 납부를 완료하여 부족함이 없었다. 이후 증빙이 없을 것을 우려하여 이 계약서를 작성하여 이후의 증거로 삼는다.

길이는 126工 2척이다.

폭은 5工 8寸이며 양변이 동일하다.

[험계]
국민정부재정부 험계지
하북성재정청 발행

**해설**

　건륭 59년 매매한 계약서에 계세를 납부하고 첨부한 계미를 붙이고 이후 민국 20년에 다시 민국정부의 驗契를 거친 계약서이다.

　이 계약서에는 좌측에는 契尾(契尾의 윗부분에는 "노인이 노래를 부르며 땅을 친다(老歌打地)"라는 네 글자가 있다), 그리고 우측에는 민국 20년의 驗契紙가 첨부되어 있다. 국민정부 재정부 험계지에는 河北 財政廳의 관인이 찍혀 있고 또 녹색 인장의 花稅票가 붙어 있다.

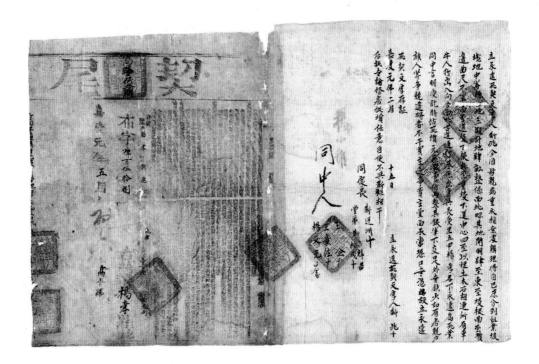

立永遠死契文字人靳兆, 今因母親病重, 衣棺無處辦理, 將自己原分到祖業坡□
地中等橤白地三段, 計地肆畝整, 係南北畛, 其地開明肆至, 東至塿根, 南至墳
邊、曲尺不等, 西至道塿下根, 北至重塿下道中心。四至以裡, 土木石相連, 所有
車牛人行出入向合西北古道通行。盡係出賣與長受里五甲楊孝名下, 永遠為死
業。同中言明, 受訖時沽死價元絲銀壹百兩整, 其銀筆下交足, 外無缺少。如有
房親戶族人等競違碍者, 不干買主之事, 買主壹面承當。恐口無憑, 已故立永遠
死契文字存證。

嘉慶元年二月十五日立永遠死契文字人靳兆(十字押)
後批: 無論修房批墳任依自便, 不與靳姓相干。
同家長　靳廷州(十字押)、堂弟靳松成(十字押)、靳魁(押)
同中人　王企(十字押)、王廣法(十字押)、楊文元(押)

靳兆는 모친의 병이 무거워졌으나 돈이 없어 수의와 관을 마련할 수 없어서 조상
으로부터 나눠받은 토지인 中等의 橤白地 3 필지 총 4畝 ― 사방을 열거하면 동쪽
은 塿根에 이르고 남쪽은 墳邊에 이르고 曲尺이 다르고, 서쪽은 道塿下根에 이르
고 북쪽은 重塿下道의 중심에 이른다. 사방의 경계 내에는 土木石이 이어져 있다.
모든 수레, 소, 사람의 출입은 모두 서북쪽으로 난 옛길로 통행한다 ― 를 元絲銀
100량에 長受里 5甲의 楊孝에게 팔아 영원히 그의 산업으로 삼도록 하였다. 만약
매도인의 친척 혹은 족인이 와서 문제를 일으키는 경우가 생기면 모두 매도인이
직접 와서 부담하며 매수인과는 무관하다. 이후에 증빙이 없을 것을 우려하여 영원
히 지속되는 死契를 작성하여 증거로 남긴다.

가경 원년 2월 15일 절매계약 작성자 靳兆(십자서명)
첨언: 집을 짓거나 무덤을 만들거나 임의로 편한 대로 할 수 있고 靳姓은 간섭할 수 없다.
家長　靳廷州(십자서명)、堂弟　靳松成(십자서명)、靳魁(서명)
중개인　王企(십자서명)、王廣法(십자서명)、楊文元(서명)

해설

　　토지 절매 홍계이며 전형적인 二連契이다. 二連契란 계약을 체결한 후 관청에 가지고 가서 契稅를 내고 관청에서 契尾를 발급받아 원 계약서의 뒷부분에 붙인 계약서 형식이다. 계세를 낸 후 매매한 토지에 대해 세금명의 이전(過割)도 해야 한다. 즉 매매한 토지에 대해 세금의 명의를 매수인에게 이전하는 것이다. 그 목적은 매매 이후 해당 토지에서 거두는 세수를 매수인이 부담하도록 하는 것이다. 세금명의 이전을 하지 않는 경우 명청 시기의 법률은 1무에서 5무까지는 笞 40이고 5무당 1等씩 추가하되 최대 杖 100에서 그치도록 하였다. 그리고 세금명의 이전을 하지 않은 토지는 관청에 몰수되었다. 계약서 중에서는 또한 출입에 대한 문제도 언급하고 있다.

　　"高平縣印"이 찍힌 위치는 土地段數, 매매가격, 중개인 성명, 원계와 契尾의 連接부분, 契尾의 세은수목, 契尾의 일련번호 부분으로 모두 계약서의 중요한 부분이다.

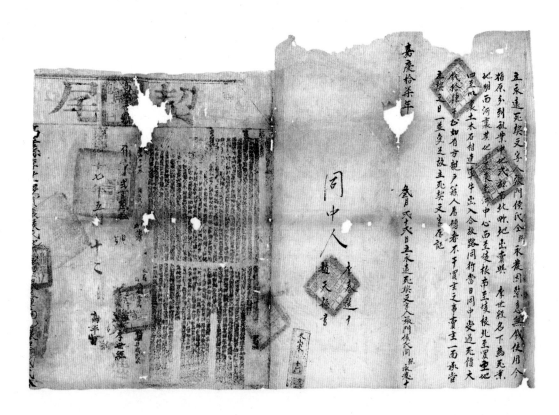

立永遠死文字人張門侯氏全孫永慶, 因緊急無錢使用, 今將原分到祖業中地弌
畝, 南北畛地, 出賣與李世經名下為死業, 地明西河里, 其地四至, 東至河中心,
西至埯根, 南至埯根, 北至買主地, 四至以裡土木石相連, 車牛出入合故路同行。
當日同中受過死價大錢拾肆千整。如有親戶族人為磚者, 不干買主之事, 賣主
一面承當。立契之日一並交足。故立死契文字存證。

嘉慶拾柒年叄月弍拾弍日立永遠死契文字人張門侯氏、全孫永慶(十字押)
同中人　李春選(十字押) 趙天樞書
米山東里十六號

張氏 가문의 侯氏는 손자 張永慶과 함께 사용할 돈이 없어서 긴급하게 조상으로부
터 물려받은 中地 2畝를 李世經에게 팔아 산업으로 삼도록 하고 매매 대금으로
14,000文을 받았다. 사방의 경계는 동쪽은 강 중심에 이르고 서쪽은 埯根, 남쪽은
埯根에 이르고 북쪽은 매수인의 토지에 이르니 사방의 경계 안에는 土木石이 이어
져 있다. 수레와 소의 출입은 원래 있던 도로로 통행하고, 李世經은 토지의 소유권
을 획득한다. 만약 매도인의 친척이나 족인 등이 소유권을 주장하며 소란을 일으킬
경우, 매도인이 책임지며 매수인과는 관계가 없다. 대금은 계약서를 작성한 날에
모두 지불하였으며 절매계약서를 작성하여 증거로 남긴다.

가경 17년 3월 22일 절매계약서 작성자 張氏 가문의 侯氏와 손자 永慶(십자서명)
중개인　李春選(십자서명)、趙天樞 대필

　　농지 매매 홍계로 전형적인 二連契이다. 문서 위에는 모두 10枚의 인장이 있다. 검은색 도장이 1枚(안쪽에는 작은 붉은 색 글씨 및 붉은 색 "愼"자 도장이 1개 찍혀 있다.) 찍혀 있다. 10枚의 붉은 색 인장은 두 종류로 나뉜다. 8개의 작은 것의 내용은 모두 동일하게 "高平縣印"이다. 오른쪽은 한문 전서이고 왼쪽은 滿文 전서이다. 두 종류의 비교적 큰 印文은 식별이 되지 않지만 모두 契尾 위에 찍힌 것이므로 포정사사와 관련이 있을 가능성이 높다. 검은색 도장의 내용은 "里　號"로 이후 검은 색 붓글씨로 "米山東里十六號"라고 적어 넣었다.

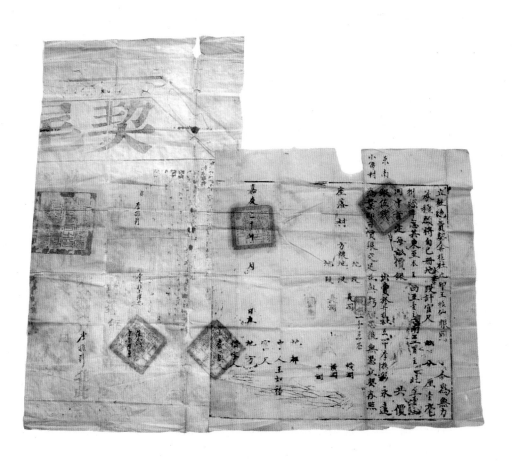

立杜絕賣契人 丹桂 社 九 甲 王振山 , 眼同 今為無力承種, 願將自己冊地 莊基
叚, 計官尺 畝 分 厘 壹 毫 捌 絲 肆 忽, 其東至 本主 , 西至 賣主, 南至 買主,
北至 賣主, 同中言定, 每畝價銀 共價銀 伍錢 , 出賣於 丹桂 社 五 甲 李振彩
永遠為業, 即日價銀交足, 並無虧短。恐後無憑, 立契存照。

地叚 長闊 稅銀 一分五厘 橫闊
座落 村 方糧 地叚 橫闊
地叚 長闊 中闊
地鄰
中人　王如福
官 尺
嘉慶 二十 年 月 日立 地 方
借字人
賣契人

가경 20년 丹桂社 9甲의 王振山은 농사를 감당할 능력이 없어서 자기의 莊基 한
필지 ― (넓이는) 계산하면 1分8絲4忽, 동쪽은 본인(의 토지), 서쪽은 매도인(의 토
지), 남쪽은 매수인(의 토지), 북쪽은 매도인(의 토지)에 이른다 ― 를 중개인의 조
정을 통해 丹桂社 5甲의 李振彩에게 팔아 넘겨 산업으로 삼도록 하였다. 대금은
5전이며 계약 당일에 납부를 완료하여 부족분이 없도록 하였다. 이후에 증빙이 없
을 것을 우려하여 이 서면계약을 작성함으로써 이후의 증거로 삼는다. 稅銀은 1分
5厘이다. 중개인은 王如福이다.

　이 계약서는 二連契로 계약서 뒷면에 契尾가 첨부되어 있다. 契鈐에는 印章 6枚가 있고 그 중 4枚는 서로 같은 것으로 정사각형의 붉은 색 縣印이다. (縣印의) 우측은 한문 전서이고 좌측은 만문 전서이다. 印文의 내용은 "饒陽縣印"이다. 1枚의 직사각형의 붉은 색 小印은 내용이 "稅銀" 두 글자이다. 다른 1枚의 비교적 큰 붉은 색의 정사각형 인장은 내용이 식별되지 않는다.

　그 외에 윗부분에 있는 표에는 "東南 小韓村"이라는 글자가 있다.

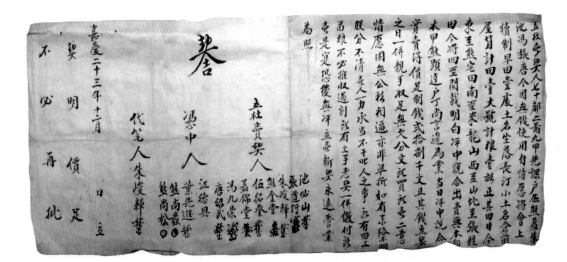

立杜賣契人七十都二圖九甲先課戶伍、熊、聶、朱、池、馮、張、唐, 今因無錢使
用, 自情願將會上續制旱田一處, 土名坐落長汀, 小土名倉前屋背, 計田一大號,
計糧一畝正。其田目今東至熊宅田, 南至來龍山, 西至山, 北至張姓田。今將四
至開載明白, 泙中說合出賣與本都本甲熊顯達戶丁尚言邊爲業, 當日泙(憑)中
說合, 實賣得價足制錢二十八千文正。其錢立契之日一並親手收足, 無欠分文,
所買所賣, 二意情願。固無公私相逼, 亦非准折。如有來路不明, 股分不清, 賣人
一力承當, 不幹罪人之事。所有田上苗糧, 不必推收過割强。所有上手老契一並
繳付。所賣是實, 恐後無憑, 立賣新契永遠管業爲照。

立杜賣契人　池必山(押)、　張道行(押)、　朱峻輝(押)、　熊金堂(押)、
　　　　　　伍紹奎(押)、　聶錦堂(押)、　馮九榮(押)、　唐紹武(押)、
　　憑中人　江德興、　葉先進(押)、　熊尚發(押)、　熊尚松(押)
　　代筆人　朱峻輝
嘉慶二十三年十二月日立
契明價足, 不必再批
[合體字] 契大吉

貴溪縣 伍、熊、聶、朱、池、馮、張、唐、등 姓의 사람들은 쓸 돈이 부족하여
스스로 원하여 함께 구매한 旱田, 즉 長汀에 위치하고 倉前屋背라고 불리며 田기
준으로는 一大號이고 세량 기준으로는 1畝인 토지를 팔려고 한다. 이 토지는 경계
가 명확하다. 현재 이 토지의 경계에 대해서는 계약서에 명확하게 기재해 놓았다.
중개인에게 청해 熊賢達家의 성년 남자인 熊尚言에게 이 토지를 팔고 산업으로

삼도록 하였다. 계약 당일 중개인의 소개로 쌍방이 상의하여 실제 가격을 당시 법정 화폐 체제에 따라 관방에서 주조하여 발행한 정식 동전 28,000文으로 정하였다. 계약을 체결한 당일에 토지 판매 대금은 판매자가 직접 수령하였고 1文도 빠뜨리지 않고 다 받았다. 이번 매매는 쌍방이 원한 것이며 공적 사적 이유로 매매를 강매한 적이 없으며 또한 채무로 인한 에누리나 저당 설정도 없었다. 만약 기타 내역이 불분명한 사람이 관여되었거나 혹은 토지 지분에 불명확한 부분으로 인해 발생한 분쟁은 모두 판매자가 책임지고 구매자와는 무관하다. 이번 토지 매매는 縣 아문에 가서 재차 등기할 필요가 없다. 이 토지의 苗糧賦稅는 새 주인에게 떠맡기지 않는다. 이 매매는 진실한 것이다. 후에 증거가 없을까 우려되어 쌍방이 이 계약서를 작성하여 구매자가 영원히 해당 토지를 관리한다는 증서로 삼았다.

절매계약서　작성인　池必山(서명)、張道行(서명)、朱峻輝(서명)、熊金堂(서명)、
　　　　　　　　　　伍紹奎(서명)、聶錦堂(서명)、馮九榮(서명)、唐紹武(서명)、
　　　　　증인　江德興、葉先進(서명)、熊尚發(서명)、熊尚松(서명)
　　　대필인　朱峻輝
가경 23년 12월 일 작성
[合體字] 계약은 크게 길하다


해설

　　이 계약서 중 "所有上手老契一並繳付所賣是實"라고 한 부분의 의미는 판매자가 해당 토지를 취득하였을 때 작성한 계약 문서와 이 매매를 할 때 작성한 부속 문서를 모두 구매자에게 넘겼다는 것이다. 부동산 구입과 같은 일반적이지 않은 일을 처리할 때 사람들은 그 계약에 대해 특히 신중하다. 그래서 보통 바로 이전의 계약 혹은 그 이전의 옛 계약의 처리에 대해서도 설명을 하고 있다.

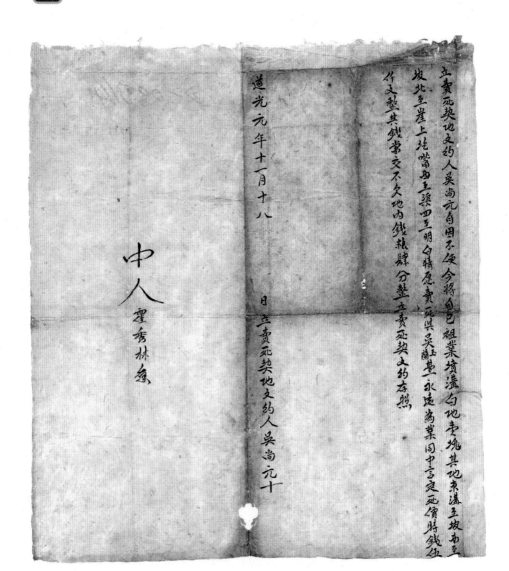

立賣死契地文約人吳尚元自用不便今將自己祖業墳滿一勾地壹塊其地東溝至坡南至
坡北至崖上坨嘴西至渠四至明白特憑賣死與吳玉臺永遠為業同中言定死價時錢伍
作文契其錢當交不欠地内錢糧肆分整立賣死契文約存照

道光元年十一月十八
日立賣死契地文約人吳尚元十

中人 翟秀林 筆

立賣死契地文約人吳尙元, 自因不便, 今將自己祖業墳溝白地壹塊, 其地東溝
至坡, 南至坡, 北至崖上圪嘴, 西至渠,四至明白, 情願賣死與吳玉臺、吳蘭台永
遠爲業。同中言定, 死價時錢伍仟文整, 其錢當交不欠。地內錢糧肆分整, 立賣
死契文約存照。

道光元年十一月十八日立賣死契地文約人　吳尙元(十字押)
中人　霍秀林(押)

도광 원년 11월 18일 吳尙元은 일시적으로 경제상황이 여의치 못하여 선조가 물려
준 한 필지 白地 一東溝는 언덕에, 남쪽 경계는 언덕에, 북쪽 경계는 벼랑 위 圪嘴
에, 西쪽 경계는 도랑에 이른다 — 를 5천문의 가격으로 영원히 吳玉臺, 吳蘭臺 두
형제에게 매도하였다. 이 토지는 매년 錢糧銀으로 4分을 납부해야 한다. 서면으로
된 절매계약서를 작성하여 장래의 증빙으로 삼는다.

도광 원년 11월 18일 절매계약서 작성인　吳尙元(십자서명)
중개인　霍秀林(서명)

　이 문서는 전형적인 토지 절매 白契이다. 이른바 白契란 바로 관부에 가서 납
세하지 않아 관인을 찍지 않은 계약이다. 吳尙元은 일시적인 불편함으로 인해
자기 소유의 한 필지 토지를 5천문의 가격에 吳玉臺, 吳蘭臺에게 매도하였다.

이른바 白地란 땅 안에 심어놓은 작물이 아무것도 없는 토지를 말한다. 吳玉臺,
吳蘭臺는 토지의 소유권을 얻어 공동소유자가 되었다. 또한 이름으로 보건대 그
들 두 사람은 형제일 가능성이 매우 높다. 계약서에서 또한 설명하길 대금은 이
미 파는 쪽에 지불이 완료되어 어떤 부족분도 없다. 마지막으로 이 토지는 매년
납부해야 하는 錢糧이 4分이라고 설명한다.

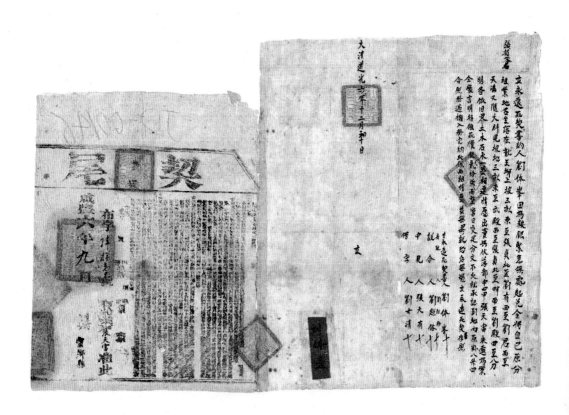

立永遠死契書約人劉體峰, 因為糧銀緊急, 無處起兌。今將自己原分祖業地名
坐落在龍王鄉上坡叁畝, 東至張貞, 北至劉有, 西至劉君, 南至天溝 ; 又隨大斜
兒坡地叁畝, 東至武殿, 西至張貞, 北至畔, 南至劉殿, 四至分明, 各依舊界, 土
木石一並相連。情願出賣與伏落都中四甲張天富永遠為業, 全眾言明時值死價
銀貳拾柒兩整, 當日交足, 分文不欠, 就承認到地內原糧八升四合, 照冊過撥、
入冊完納。此係兩情相願, 並無異說。恐後無憑, 立永遠死契存照。

立永遠死契書人　劉體峰(十字押)
房親人　劉趙務(十字押)
說合人　劉超俗(十字押)
中見人　張天有(十字押)
借字人　劉士清(十字押)
大清道光六年十二月初十日立

절매계약서를 작성한 劉體峰은 쓸 돈이 긴급한데 융통할 곳이 없어서 자기 몫으로
조상에게 물려받은 龍王鄉上坡地 3畝 ― 사방 경계가 명확하다 ― 및 大斜兒坡地
3畝 ― 사방 경계가 명확하며 사방 경계 안쪽의 土木石은 모두 그 안에 있으며 각
자 원래의 경계에 의거하고 있다 ― 를 銀 27량에 張天富에게 매도하여 영원히 산
업으로 삼도록 하였고, 또 매매 대금은 계약서를 작성할 때 전부 지급하여 한 푼도
부족함이 없었다. 이로부터 張天富은 토지의 소유권을 취득하였고 계약에 따라 매
년 稅糧으로 8升4合을 내야 했다. 더불어 이미 등기하여 토지대장에 올라갔다. 매
매는 양측의 바람에 따라 이뤄진 것으로 이견은 전혀 없다.

계약서 작성인  劉體峰(십자서명)

친척  劉趙務(십자서명)

중개인  劉超俗(십자서명)

증인  張天有(십자서명)

대필인  劉士淸(십자서명)

도광 6년 12월 초10일 작성

해설

농지 절매 홍계이며 계미가 붙어 있는 二連契이다. 해당 문서에는 인장이 7매가 있다. 4매는 작은 것으로 내용은 "山西寧鄕縣印"으로 우측은 한문 전서, 좌측은 만문 전서이다. 3매의 큰 것은 전부 契尾의 위쪽 변에 있다. 그 외에 正契 뒤에 또 붉은 색 小條가 붙어 있는데, "劉體峰"이라는 세 글자를 上書하였다.

立凑字張盛賜前峯有民田根山等坐地
二郡官庄地方壬岩湖迤洋等慶其頑數
租頑俱載原契内明白今因要用向在
奮典盈慶凑出錢陸百五十文正其後
交足其田听為其业候至有力贖田之
日俱原凑契乙起贖回今欲有先立凑字
山帛為引

道光廿五年四月日立凑字張盛賜

中見俞道德

立湊字張盛賜, 前寄山有民田根一號号, 坐址二都官庄地方。土名湖邊洋等處。
其種數租額俱載原契內明白。今因要用, 向在龔典盈處, 湊出錢六百五十文正。
其錢钱交足, 其田聽龔照舊管業。俟至有力贖田之日, 併原湊契一起贖回。今欲
有憑, 立湊字一紙为照。

道光廿五年四月日立湊字張盛賜(押)
中見　俞道傅(押)

加找 계약서를 작성한 사람은 張盛賜이다. 이전에 이미 한 필지 민전을 매도하였
는데 이 땅의 위치는 二都의 官莊으로 토지명 湖邊洋이다. 앞서 원래 매도시 작성
한 계약서 내용 안에 이미 파종곡물의 수량과 소작료가 분명하게 기재되어 있다.
현재 매도인이 중요한 일로 급히 재물을 사용할 일이 있기 때문에 지금 龔典盈쪽
으로부터 650문을 추가로 받았다. 재물은 이미 모두 깔끔하게 지급되었고 현재 이
토지는 龔氏에게 귀속되어 사용되고 있으며 張盛賜가 회속할 능력이 있을 날을 기
다려 원래 계약서와 가조 계약서를 같이 반환하도록 한다. 지금 이후 증빙이 필요
하여 이 백계를 작성하여 증거로 삼는다.

도광 25년 4월　일 加找 계약서 작성자 張盛賜(서명)
중개인 겸 참관인　俞道傅(서명)

이전에 토지를 매매한 이후 추가로 돈을 더 받은 加找 계약서이다.

계약서상에 회속이 가능한 연한은 나와 있지 않다. 법률로 정한 회속기한은 일반적으로 10년이지만 절매계약을 체결하지 않은 이상 원 주인이 회속의 의사와 능력이 있으면 이를 요구할 수 있어 분쟁의 소지가 되었다.

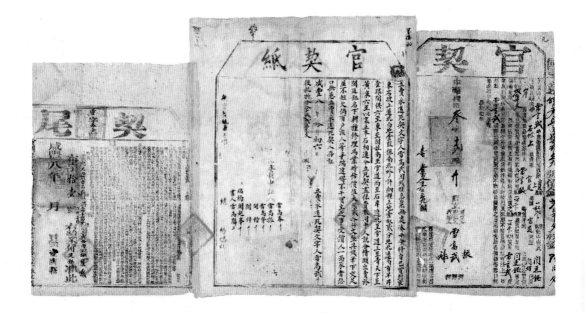

立賣永遠死契文字人雷高武, 因錢糧緊急無處湊辦, 今將自己買到家東石坡上
道北白地壹段, 係南北畛, 計納糧上壹畝貳分, 地北邊內有旱井壹眼。開俱六至,
東至閣姓, 南至官道, 西至石岸邊, 北至官道, 上至青天, 下至黃泉, 六至以裏,
土木石相連。今立死契, 盡係賣數, 同中人說合, 請願出賣於閣廷鈺名下, 耕種、
修理為業。時估價值大錢貳拾仟文整, 其錢筆下交足, 並不短欠。倘有戶族人等
爭端違碍, 不幹買主之事, 受價人一面承當。恐口無憑, 立賣永遠死契人存証。

咸豐八年拾月初六日立賣永遠死契文字人雷高武
後批: 折合食錢弍千文
家長中證人　雷高春(十字押)、雷高振(十字押)、雷高聲(十字押)、
　　　　　　閣楷(十字押)、閣梓(十字押)
總約　閣起峯(十字押)
書人　雷高魁(十字押)
無官契紙者不准

매도를 위한 절매계약서를 작성한 사람인 雷高武는 전량이 긴급하게 필요한데 융
통할 곳이 없어서 자신이 구매했던 1畝 2分의 토지―토지 내에는 마른 우물이 있
고 동쪽은 閣姓(의 토지), 남쪽 官道, 서쪽은 石岸邊, 북쪽은 官道에, 위로는 青天
에 아래로는 黃泉에 이른다. 여섯 방향 경계 이내의 土木石은 모두 그 안에 있다
―를 死契를 작성하여 중개인의 중재를 거쳐 스스로 원하여 당시 이 땅의 시세인
大錢 20,000(문)에 閣廷鈺에게 매도하여 (그가) 농사 지어 업으로 삼거나 혹은 다
른 일을 할 수 있도록 하였다. 매매대금은 계약서를 작성할 때 지급을 완료하였고

만약 원래 (주인의) 친척 혹은 족인이 와서 방해하면 모두 매도인의 부담이며 매수인과는 무관하다. 또한 이후에 증빙이 없을 것을 우려하여 영원한 死契를 작성하여 문서로 증거를 남긴다.

함풍 8년 10월 6일 매도를 위한 절매계약서를 작성한다.


계약서 작성인　雷高武

첨언에서 또한 合食錢 20문이 있음을 설명하였다.

증인　雷高春(십자서명)、雷高振(십자서명)、雷高聲(십자서명)、
　　　閻楷(십자서명)、閻梓(십자서명)

總約　閻起峯(십자서명)

대필인　雷高魁(십자서명)

### 해설

　　이 문건은 전형적인 三聯契이다. 청대의 원계와 계미, 그리고 민국시기 험계지가 연결되어 있다. 이 관계지 뒷면에 도장으로 찍혀 있는 "官契紙가 없으면 허가하지 않는다"라는 구절은 관부에 납세할 때 白契를 官契로 바꾸어 쓰는 것이 토지매매와 납세의 필요조건이었음을 설명한다. 그 뒤에 붙은 契尾는 납세한 은이 6錢이고 민국시기 驗契를 할 때 印花稅가 2分임을 보여준다.

　　특이한 부분은 토지의 위치를 설명할 때 사용한 "六至"로 이는 전통적으로 자주 볼 수 있는 동서남북 사방 경계와는 다른 것이다. 이것 역시 山西 지역의 특수한 관행으로 부동산을 매매할 때 동서남북 사방 경계를 분명히 밝히는 것 외에 다시금 위로는 靑天에 아래로는 厚土, 또는 황천에 이른다는 구절을 기재하는데 이를 가리켜 "六至"라고 하였다.

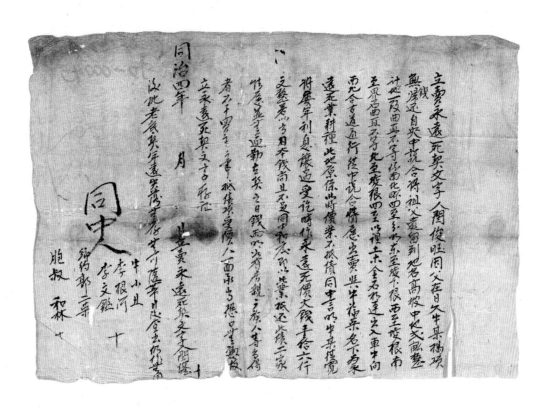

立賣永遠死契文字人閆俊旺, 因父在日欠牛某揭項, 無錢歸還, 自央中説合, 將祖父遺留到地名高坡中地貳畝整, 計地一段, 曲直不等, 係南北畔, 四至分明, 東至坡下根, 西至坡根, 南至界石, 曲直不等, 北至坡根, 四至以裡, 土木金石相連, 出入車牛向西北合古道通行, 從中説合, 情愿出賣與牛福榮名下為永遠死業耕種。此地原係以時價, 業不抵債, 同中言明, 牛某從寬, 將屢年利息讓過, 受訖時作永遠死價大錢壹拾六仟文整。 若以當日本錢尚且不足, 同中和□, 即以此業抵還此債。二家情愿, 並無逼勒。立契之日, 錢兩明。如有房親親族人等爭礙者, 不干買主之事, 抵債項受價人一面承當。恐口無憑, 故立永遠死契文字存證。

同治四年　月　日立賣永遠死契文字人閆俊旺(十字押)
後批: 老底契年遠失落無存, 無可隨帶, 日後查出, 仍作無用。
同中人 牛小丑、李根河、李文鑑(十字押)
　　　鄕約 郭二榮
　　　胞叔 和林(十字押)

동치 4년 閆俊旺은 부친이 생존할 때 牛某에게 빚진 금전을 상환할 능력이 없어 스스로 중개인을 청하여 교섭하여 祖父로부터 물려받은 토지명 高坡中地 2畝 一 남북으로 뻗어 있고 사방(경계)가 매우 분명하다. 동쪽 경계는 坡下根에, 서쪽 경계는 坡根에, 남쪽 경계는 界石에, 북쪽 변의 경계는 坡根에 이른다. 사방의 경계 안에는 土木金石이 서로 이어져 있으며 車牛가 출입하는 통로는 북쪽으로 향해 있고 원래 있는 옛길로 통행한다 ― 를 중개인들의 중재 아래 牛福榮에게 매도하여 영원히 업으로 삼게 하길 원하였다. 이 토지의 시세는 채무금액에 못 미치지만 중개인들의 설명으로 牛某는 채무를 관대하게 감하여 몇 년에 걸친 이자를 포기하고 大錢 160,000문으로 가격을 정하여 비로소 이 토지로서 채무를 변제하게 되었다. 이는 양쪽 집안이 모두 진심으로 바라는 것으로 결코 압박이나 사기가 있지 않았다. 계약서를 작성할 때 대금과 산업 양쪽이 모두 분명하였다. 만약 친족 등이 쟁론을 일으키거나 저지하려 한다면 매수인과는 아무런 상관이 없고 매도인이 처리한다. 구두로는 증빙이 부족할까 우려하여 서면계약서를 작성하여 이후의 증거로 삼는다.

동치 4년  월  일 절매계약서 작성자 閆俊旺(십자서명)
첨언: 이전의 계약서는 찾을 수 없어 현재 가져오지 않았으며 이후 찾게 되더라도 효력이 없다.
중개인  牛小丑、李根河、李文鑑(십자서명)
       향약  郭二榮
       胞叔  和林(십자서명)


해설

부친이 생전 빚진 금전을 갚지 못하여 물려받은 토지를 채권자에게 팔아서 채무를 변제한 경우이다. 토지의 시세로는 완전한 채무의 변제가 어려웠지만 중개인의 설득으로 채권자가 채무금약을 탕감해 줌으로써 토지매매와 더불어 완전한 채무의 변제가 이루어졌다.

첨언에서는 토지의 내원을 증명하는 이전에 맺은 구 계약서를 분실하여 첨부할 수 없지만 만약 장래에 발견하게 될 경우 폐지로 사용할 수 있을 뿐 부동산의 재산권 확인의 효력은 전혀 없음을 명시하였다.

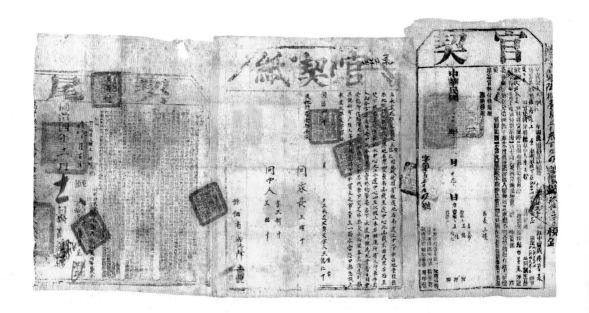

원문

立永遠死契文字人王瑾、王鴻仁, 因無錢使用, 有祖遺地名南道上中等桑白地
壹段, 係南北畛, 計地捌畝式分, 其地各開四至, 東南壹截至道中心, 北壹截至
曲尺界石, 西至塽下根, 南至塽下□池水中心, 北至小道中心, 四至以裡土木石
相連, 所有人行車牛出入向合古道通行。央中說合, 請願出賣於楊翚基名下永
遠耕種為死業, 當日同中受訖時估死價大錢玖拾叁仟文整, 其錢筆下交足, 外
無欠少。兩家各出情願, 別無異說。如有戶族人等爭競違碍者, 不干買主之事,
賣主一面承當。恐口無憑, 故立永遠死契文字存證。

同治四年　月　日立永遠死契文字人王瑾 書 王鴻仁
後批: 隨帶老契壹張
同家長　王璸(十字押)
同中人　李正新(十字押)、王銘(十字押)

번역

절매계약서를 작성한 王鴻人, 王瑾仁은 사용할 돈이 없어서 조상으로부터 물려받
은 유산인 南道의 위에 위치한 中等 桑白地 8畝 2分 ― 사방의 경계가 분명하며
동남쪽 臺는 길 중심에, 북쪽 臺는 曲尺界石에, 서쪽은 塽下根에, 남쪽은 塽下□
池水 중심에 북쪽은 도로의 중심에 이른다. 사방 경계 안쪽에 있는 土木石은 모두
그 안에 있으며 모든 사람·수레·소 등의 출입은 원래의 방향에 의거한다 ― 중개
인의 중재를 거쳐 스스로 원하여 楊翚基에게 매도하여 농사를 짓고 업으로 삼도록
한다. 이미 가격을 大錢 93,000문으로 정하였고 대금은 계약서 작성일에 지급을
완료하여 한 푼의 부족함도 없다. 또한 양가가 모두 스스로 원하여 매매를 진행하
였으므로 만약 원래 (주인의) 친척 혹은 족인이 와서 방해하면 모두 매도인의 책임

이며 매수인과는 무관하다. 또한 이후에 증빙이 없을 것을 우려하여 절매계약서를 작성하여 증거로 남긴다.

동치 4년 절매계약서를 작성한다.
계약 작성자 王鴻仁, 王瑾.
더불어 1장의 구 계약서를 뒷면에 첨부한다.
家長　王瓒
중개인　李正新、王銘.

**해설**

　이 문건은 전형적인 三聯契이다. 계약서상에는 이전에 맺은 老契가 있기 때문에 첨언의 형식을 사용하여 "老契 1장이 첨부된다."라고 분명하게 기록해 두었다. 만약 이전에 맺은 老契가 다른 토지와 관련이 있으면 매수인에게 줄 수는 없지만 첨언의 형식을 사용하여 老契가 첨부될 수 없어 新契를 증거로 삼는다는 것 등을 설명하였다.
　契尾에는 거래시 납부한 세금이 2兩7錢9分이고 민국시기에 驗契를 진행했다는 점이 분명히 밝혀져 있지만 민국시기의 세금이 얼마인지는 밝히고 있지 않다.

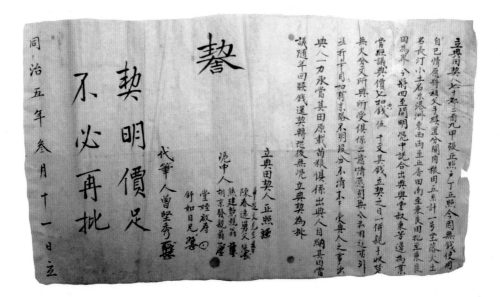

立典田契人七十都二圖九甲張正照戶丁正照, 今因無錢使用, 自己情願將祖父
手續置分關內糧田五系, 計一號, 坐落大土名長汀, 小土名東港洲。東西兩至正
香田, 南至秉良田, 北至秉良田爲界。今將四至開明, 憑中說合出典與堂叔秉芳
邊爲業。當經議典價七扣典錢五千文。其錢立契之日一並親手收楚, 無欠分文。
所典所受, 俱系二意情願, 固無公私相逼, 亦非准折□□。如有來路不明, 股分
不清不幹受典人之事, 出典人一力承當。其田原載苗糧, 俱系出典人自納, 其田
當議隨年回贖, 錢還契轉。恐後無憑, 立典契爲據。

立典田契人　正照(押)
憑中人　曾超文先生(押)、陳春遠舅父(押)、熊建勳親翁(押)、
　　　　胡京發親翁(押)、堂侄啟壽(押)、舒如日兄(押)
代筆人　曾堅秀(押)

契明價足　不必再批
同治五年參月十一日立

張正照는 貴溪縣 87都 2圖 9甲의 사람인데, 쓸 돈이 없어서 스스로 원하여 조부가
직접 구매하고 본인이 분가할 때 받은 농지 5系, 총 1號를 팔았다. 토지의 경계는
모두 분명하다. 현재 이 토지의 경계는 모두 계약서상에 분명하게 쓰여 있다. 중개
인에게 부탁해 나서서 소개하도록 하여 토지를 당숙인 張秉芳에게 활매하고 그의
가업으로 삼도록 하였다. 쌍방이 논의하여 가격을 정하였다. 관행에 근거하여 실제
가격 동전 총수의 70%를 받았는데, 즉 대금은 5,000문이다. 매매 대금은 계약 체결

당일에 직접 수령하였고 1文도 빠뜨리지 않고 다 받았다. 이번 매매는 쌍방이 모두 원한 것이며, 공적이지 않은 사적인 이유로 핍박하여 거래가 이루어진 것이 아니다. 채무 원인으로 비롯된 감액이나 차압은 없었다. 만약 내역이 불명확한 일이나 토지의 지분 귀속이 불분명한 상황에서 비롯된 분쟁이 있다면 매도인이 모두 책임지며 매수인과는 관계없다. 이 토지 명의 하의 賦稅는 모두 매도인이 납부한다. 쌍방이 이 토지 매매 계약을 하고 몇 년이 지난 후 돈을 내고 회속할 수 있고 그때 매도인은 활매했을 때의 값을 치르고 토지를 되찾도록 한다. 이후 증빙이 없을까 우려되어 특별히 이 계약서를 작성하여 증거로 삼는다.

활매계약 작성자　正照(서명)
중개인　曾超文先生(서명)、陳春遠(서명)、熊建勳(서명)、胡京發(서명)
　　　　당질 啟壽(서명)、형 舒如日(서명)
대필인　曾堅秀(서명)
첨언: 계약서에 명시된 금액을 다 냈으니 다시 첨언할 필요 없다.
동치 5년 3월 11일 작성함

　이는 농지를 활매한 백계이다. 금전이 필요하여 조상으로부터 물려받은 토지를 활매하면서 시세보다 싼 금액을 받고 상황이 나아지면 다시 회속할 수 있도록 조건부로 매매하였다.

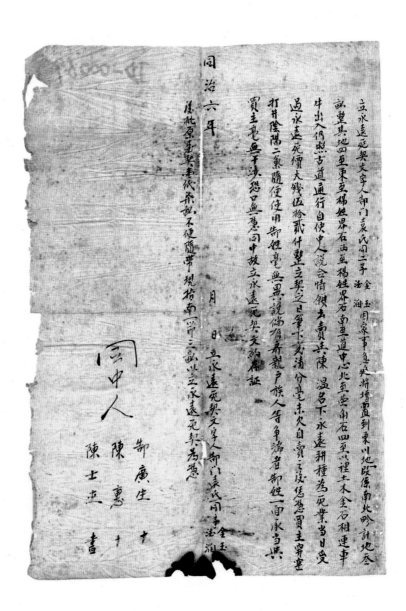

立永遠死契文字人郜門袁氏同二子金玉、德潤, 因家事急迫, 將增置到東川地
一叚, 係南北畛, 計地三畝整, 其地四至東至楊姓界石, 西至楊姓界石, 南至道
中心, 北至堲角石, 四至以裡, 土木金石相連, 車牛出入仍照古道通行。自使中
人說合, 情願去賣與陳溫名下永遠耕種為死業。當日受過永遠死賣大錢伍拾貳
仟整, 立契之日筆下交清, 分毫未欠。自賣之後, 任憑買主穿窰、打井、陰陽二
氣隨便使用, 郜姓毫無異說。倘有房親戶族人等爭端者, 郜姓一面承當, 與買主
毫無干涉。恐口無憑, 同中故立永遠死契文約存証。

同治六年　月　日立永遠死契文字人郜門袁氏同子金玉、德潤
後批: 原老契壹紙七畝, 不便隨帶, 現指南一節三畝, 以立永遠死契為憑。
同中人　郜廣生(十字押)、陳惠(十字押)、陳士傑　書

동치 6년 郜氏 가문의 袁氏는 두 명의 아들인 金玉, 德潤와 함께 집안의 사정이
급박해져서 東川地의 토지 一 남북으로 경계를 이루고 토지(의 면적을) 계산하면 3
畝이며 동쪽은 楊姓界石에, 서쪽은 楊姓界石에, 남쪽은 道路中心에, 북쪽은 堲角
石에 이른다. 사방 경계의 안쪽은 土木金石이 서로 연결되어 있으며 車牛가 출입
하는 통로는 이전부터 존재하는 길로 통행한다 一 를 스스로 중개인에게 중재를 청
하여 陳溫에게 매도하여 영원히 산업으로 삼기를 원하였다. 당일에 절매 대금으로
52,000文을 받았고 계약서를 작성할 때 지급을 완료하여 한 푼도 차이가 없었다.
매매 이후에는 매수인의 뜻에 따라 가마 제조, 우물 파기 등 마음대로 사용하는 것
에 대해 郜姓은 다른 의견이 없다. 만약 房親 혹은 戶內의 사람이 와서 시비를
거는 말을 하면 郜姓이 와서 책임지며 매수인은 어떠한 상관도 없다. 구두로는 증

빙이 부족할 것을 우려하여 서면 계약서를 작성하여 이후의 증거로 삼는다.


동치 6년 월 일 절매계약서 작성인 郜門袁氏、子 金玉、德潤
중개인 郜廣生(십자서명)、陳惠(십자서명)、陳士傑 대필


**해설**

　이 계약서는 전형적인 절매계약서이다. 계약서 상에는 해당 토지 주변 이웃들과의 관계에 대해 설명하면서 출입로를 상세하게 설명하고 있다. 동시에 거래 대상이 된 토지 소유권에 대해서 문제가 발생하는 것을 배제하였다.

　이외에도 첨언에서 서술하길 토지의 내력을 증명하는 이전의 계약서는 다른 토지와 연결되어 있고 남쪽의 3畝만을 陳溫에게 매도하였기 때문에 첨부할 수 없다는 것을 명시하였다.

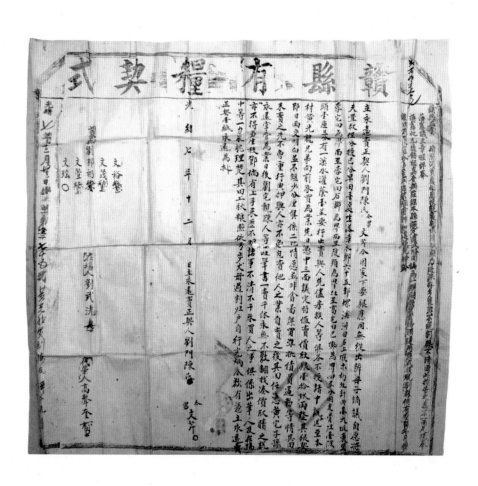

立永遠賣正契人劉門陳氏全男文芹, 今因家下要銀應用, 無從出辦, 母子商議, 自願將夫置叔姪分授己分早田一處, 坐落章水鄉六十五都螺溪洲, 田名上塅木杓坵, 計田一大坵, 東至李宅田爲界, 南至李宅田石腳爲界, 西至陂頭爲界, 北至高宅田己墈爲界。四至分明, 皮骨歸一, 陂頭一座, 三分有一, 溪水灌蔭, 一並要行出賣與人, 先侭房族人等, 俱各不授, 請中說合, 送至本村黃光龍兄弟向前承買爲業。先日憑中三面議定, 時值賣價紋銀一十九兩整。契銀契即日兩交明白, 並不短少分厘。俱系二比情願, 並非貪圖謀買准折債負逼勒等情, 其田未賣之先, 不曾重行典押與人, 亦不曾包賣他人之業。自賣之後, 契田任憑黃宅子孫永遠掌管爲業, 日後劉宅親疏人份, 口吐筆書, 一賣千休, 永無不敷翻找湊價取贖之說, 亦不得另生枝節。倘有上手來歷不明, 諸事不清, 不幹承買人之事。俱系出筆人及在場中等一力承當理楚。其田上秋糧, 照依弓步丈冊過割歸戶自行完納。今欲有憑, 立永遠賣正契一紙永遠爲據。

光緒七年十二月日立永遠賣正契人劉門陳氏(押)、全男文芹(押)
說合中　劉文裕、劉文茂、劉祊、劉文萱、劉文瑤
在場人　劉武洸
光緒七年十二月廿三日給, 大字第一千七十五號, 黃光龍買到陳氏, 價十九兩。

劉氏 가문의 陳氏와 그 아들인 文芹은, 현재 집에 쓸 돈이 필요하나 돈 나올 곳이 없어서 상의하여 스스로 원하여 남편이 구매하고 나서 叔姪에게 나눠준 早田 1필지, 즉 章水鄉 65都 螺溪洲에 위치하며 토지명 上塅木杓坵, 면적이 一大坵인 토지를 팔려고 한다. 이 토지는 동쪽은 이씨 자택이 경계이고, 남쪽은 이씨 택지의

암석이 경계이며, 서쪽은 陂頭鎭이 경계이고, 북쪽은 고씨 자택이 경계이다. 사방의 경계가 분명하여 田皮와 田骨이 한명에게 귀속되어 있다. 이 토지에는 陂頭 1개가 딸려 있는데 매도인이 3분의 1의 지분을 가지고 있어 시냇물을 끌어들여서 토지에 관개할 수 있다. 매도인이 해당 토지를 양도하려고 했던 사람은 우선 가족들이었는데 모두 구매를 원하지 않아 중개인에게 청하여 같은 마을의 黃光龍 형제에게 팔아서 업으로 삼도록 하였다. 그 날 중개인과 함께 삼자가 의논하여 판매가격을 은 19량으로 정하였다. 계약금은 당일에 지급하여 조금도 부족함이 없었다. 이 계약은 양자가 서로 원한 것이며 욕심을 부려 음모를 꾸며 가격을 깎거나 강요하는 등의 정황이 없었다. 그 토지는 팔리기 전에 다른 사람에게 중복하여 저당잡힌 적이 없고 또한 다른 사람에게 중복하여 판 적도 없다. 매매 이후 이 토지를 매수한 가족은 자자손손 영원히 이를 관리하도록 하며 이후 유씨 가문의 사람들은 구두로 계약서를 쓰겠다고 하였고 한 번 팔면 끝이라고 하였으며 영원히 핑계를 대고 돈을 요구하거나 회속하려고 하는 일이 없을 것이라고 하였다. 또한 다른 문제를 일으키지 않아야 한다. 만약 이후 내력이 불분명한 사람이나 일이 있다고 하더라도 모두 매수인과는 무관하다. 모두 매도인과 중개인이 힘을 다해 확실하게 책임진다. 해당 토지의 秋糧은 장부에 기재된 명의를 매수인에게 이전하여 스스로 완납하도록 한다. 현재 증빙이 있기를 원하여 절매계약서 1부를 작성하여 영원히 증거로 삼도록 한다.

광서 7년 12월 일 절매계약서 작성자 劉門陳氏(서명)、아들 文芹(서명)
중개인 劉文裕、劉文茂、劉祊、劉文萱、劉文瑤
증인 劉武洸
광서 7년 12월 23일 발급하였음.
大字 第1075호 黃光龍이 陳氏로부터 구입하였으며, 가격은 은 19량임.

해설

　농지를 절매한 홍계이며 관청에서 발행한 관계지의 양식 안에 계약서를 작성
하였다. 매매 이전 가족을 비롯한 친척에게 매매 의사를 물어봤지만 매수의사가
없어 다른 집안의 사람에게 토지를 매매한다는 상황을 기록하였다. 또한 친척들
로 인한 분쟁이 생길 경우를 대비하여 미리 그런 상황을 열거하면서 어떤 경우에
도 매수인은 관계가 없다는 것을 명시하였다.

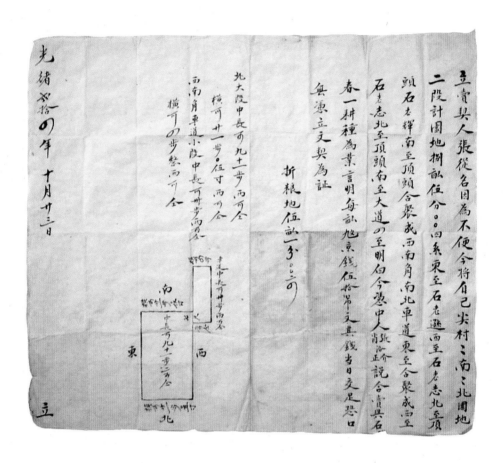

立賣契人張從名, 因為不便, 今將自己尖村村南南北園地二叚, 計園地捌畝伍分□□四絲, 東至石老遜, 西至石老志, 北至頂頭、石老輝, 南至頂頭、合聚成, 西南角南北車道, 東至合聚成, 西至石老志, 北至頂頭, 南至大道, 四至明白, 今憑中人張肖洛介正說合, 賣與石春一耕種為業, 言明每畝□京錢伍拾吊文, 其錢當日交足。恐口無憑, 立文契為証。

折糧地伍畝一分□□二四
北大叚中長可九十一步 兩可仝
橫可廿一步□伍寸 兩可仝
西南角車道小叚中長可卅步 兩可仝
橫可四步整 兩可仝(圖略)

光緒弍拾四年十月廿三日立

張從名은 수중에 돈이 없는 관계로 자신이 사는 尖村의 남쪽에 있는 남북 방향의 땅 두 필지 ─ (넓이는) 모두 계산하면 園地 8畝5分4絲, 동쪽은 石老遜(의 토지)에, 서쪽은 石老志(의 토지)에, 북쪽은 頂頭에, 남쪽은 도로에 이른다. 사방의 경계는 매우 분명하다 ─ 를 중개인 張洛介과 肖洛正의 조정을 통해 石春一에게 매도하여 농사짓고 산업으로 삼도록 한다. 1무 당 가격은 京錢 50吊으로 정하였으며 계약 당일에 교부를 완료하였다. 이후에 증빙이 없을 것을 우려하여 이 서면계약서를 작성하여 이후의 증거로 삼는다.

북쪽 큰 필지는 길이 91보로 양쪽이 같다.

세로는 21보 □ 5촌이다.

서남쪽의 작은 필지는 길이 30보로 양쪽이 같다.

가로 길이는 4보이다(그림)

광서 24년 10월 23일 작성

**해설**

　토지 매매 백계이다. 청말의 계약서이기는 하지만 기본적인 내용에서는 큰 변화가 없다. 토지의 위치, 면적, 경계, 매매가격 등을 기록하고 특이하게 토지의 측량 상황을 그림으로 표시하였다.

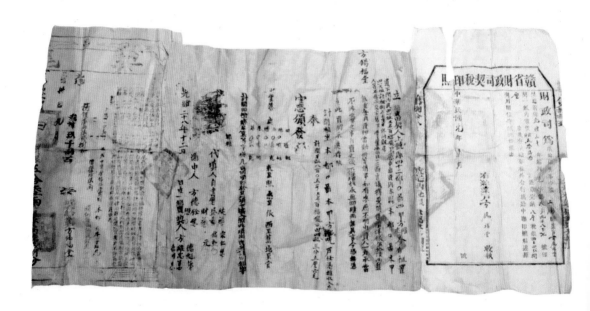

立絕賣田契人上饒縣四十二都○圖四甲方維忠等，今有祖置遺下關內民田乙坵，土名百福壟口，計田一大坵，計租八石正當日盡問親方人等，不願承交。憑中出賣與本縣本都○啚本甲方方錫福堂名下管業。當日三面言議，得受時值價洋銀五十六兩(鈐"上饒縣印")。並無重疊典賣、押當、勒折等情事。如有來曆不明，出賣人一力承當，不涉受業之事。自賣以後，不得增找，永無回贖，兩無異言。今恐無憑，立此賣契，永遠存照。

計開：糧坐本都○啚本甲方留先戶任憑推收入戶。
計開：號公畝八百○五號，土名百福壟口，田四公畝三分五厘六毛。
奉憲頒發
坐落處
田　坵　畝
地　○　頃　畝
山　○　長　寬
塘　○　口
屋　○　進
基　○　長　寬
東至南至西至　北至(照依舊管)
計開田地山塘屋基等字樣，凡賣何項，即於其項下填入照。此項出賣者注明無字。
額糧
代填人　自書(押)
憑中人　方德純(押)、方德盛(押)、方德財(押)、方德銓(押)、方德懋(押)、
方宗仁(押)、方宗勳(押)、方銘元(押)
光緒二十八年十二月日立絕賣契人　方維忠(押)、方德魁(押)、方德□(押)

절매계약서를 작성한 사람은 上饒縣 42都 ○圖 4甲의 方維忠이다. 현재 조부가 구매하고 본인이 분가할 때 받은 농지 1필지는, 토지명은 百福壟口이다. 이 토지는 면적이 一大坵이며, 이 토지에서 매년 소작료로 8擔의 곡물을 내야 한다. 매매 당일에 판매자가 친척, 가족 등에게 두루 구매의사를 타진하였으나 그들이 모두 이 토지를 사는 것을 원하지 않았다. 그래서 중개인에게 청하여 논의하여 같은 마을의 方錫福에게 팔아서 업으로 삼도록 하였다. 당일에 매매 쌍방과 중개인 삼자가 상의하여 시세에 따라 매매 대금을 洋銀 56량으로 정하였다.

매매 과정에서 중복 전매하거나 저당 잡히거나 가격을 깎는 등의 일은 없었다. 만약 내역이 불명확한 사람이 간섭하여 분쟁이 발생하면 매도인의 책임이고 매수인과는 무관하다. 토지 매매 이후에는 매도인이 핑계를 대면서 매수인에게 돈을 요구해서는 안 되며 영원히 회속할 수 없다. 매매 쌍방은 이 계약에 어떠한 이견도 없다. 다만 이후에 증빙이 없을까 우려되어 이 계약서를 작성하여 영원히 증서로 삼는다.

이번 매매: 세량은 같은 마을의 方□先 戶의 명의로 되어 있는데 매수인이 현청에 가서 등기하고 명의를 이전하여 세량을 매수인의 호에서 내도록 한다.

이번 매매 토지의 일련번호와 면적은 아래와 같다: 805호이고 토지명은 百福壟口이며, 면적은 4畝 3分 5厘 6毛이다.

상사의 명령에 근거하여 반포하였다.
위치한 곳의 목록
田坵畝
地頃畝
山長寬
塘口
屋進間

基長寬

東至, 南至, 西至, 北至(는 해당 토지의 원래 관업 범위에 따름)

이상 열거한 농지, 연못, 택지 모두 매매하는 항목이며 그 항목에 관련된 숫자를 기입하도록 한다. 만약 이 항목이 없다면 판매자가 주를 달아 없음을 밝혀야 한다.

해당 토지의 세량

대필인　매도인이 직접 쓰다(서명)

중개인　方德純(서명)、方德盛(서명)、方德財(서명)、方德銓(서명)、
　　　　方德懋(서명)、 方宗仁(서명)、 方宗勳(서명)、 方銘元(서명)


광서 28년 12월 일 절매계약서 작성인 方維忠(서명)、方德魁(서명)、方德□(서명)


---

**해설**

　본 계약은 三聯契이다. 三聯契란 해당 계약이 함께 첨부된 세 장의 계약 문서로 이루어진 것을 가리킨다. 구체적으로 광서 28년의 원계, 광서 30년에 발급받은 契尾, 민국 원년에 발급한 강서성 財政司의 계세납부 증명서를 포함하고 있다. 이를 통해 이 거래에서는 우선 토지를 매매하고, 이후 관청에 계세를 납부하였다는 것을 알 수 있다. 그래서 원본 계약서 뒷면에 契尾를 붙인 것이다. 민국 시기에 이르러 정부는 이전 청대에 이루어진 토지매매에 대해서 확인 작업을 진행하였는데 이를 驗契라고 하였다. 납세 이후 강서성 財政司의 계세납부 증명서를 첨부하였으며 이에 비로소 삼련계가 만들어진 것이다. 서로 다른 시기의 세 장의 계약 문서로 하나의 연속적인 증명서를 구성하고 있는 것은, 서로 다른 시기의 정부가 토지 소유자의 권리에 대해 인정하였음을 보여준다. 한편으로는 토지 매매가 법제화되는 과정에 있었다는 것을 보여줄 뿐만 아니라 정부의 토지소유권 이전에 대한 개입 과정을 직접적으로 드러낸다.

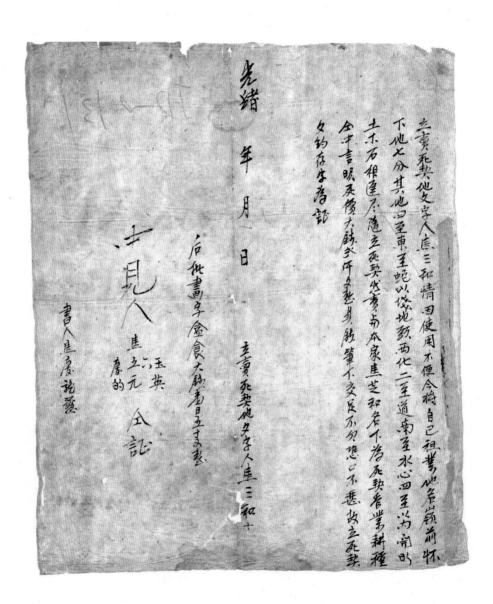

立賣死契地文字人焦三和, 情因使用不便, 今將自己祖業地名嶺前懷下地七分, 其地四至東至蛇以□地頭, 西北二至道, 南至水心, 四至以內開明土木石相連, 盡隨立死契出賣與本家焦芝和名下爲死契管業耕種。仝中言明, 死價大錢式仟 文整, 其錢筆下交足不欠。恐口不憑, 故立死契文約, 從字爲證。

光緖　　年　月　日立賣死契地文字人　焦三和(十字押)
後批: 畵字盒食大錢壹百五十文整
中見人　焦玉英、焦六、焦五元、焦慶的 仝証
書人　焦慶龍(押)

광서 연간 焦三和는 사용하기에 불편하여 자신이 물려받은 嶺前懷下地 7分을 焦 芝和에게 매도하여 영원히 산업으로 삼도록 하고 매매대금으로 2000문을 받았다. 매매대금은 계약서 작성시 지급이 완료되었다. 해당 토지의 사방 경계는 동쪽은 蛇 以□地頭, 서쪽과 북의 경계는 도로, 남쪽의 경계는 하천의 중심에 이른다. 사방 경계 이내의 土木石은 모두 서로 연결되어 있다. 구두로는 증빙이 부족할까 염려 하여 서면 계약서를 작성하여 이후의 증거로 삼는다.

광서　 년　 월　 일 절매계약서 작성인　焦三和(십자서명)
첨언: 대필과 회식의 비용은 大錢 150문이다.
증인　焦玉英、焦六、焦五元、焦慶的
대필인　焦慶龍(서명)

　농지를 절매한 백계이다. 특이한 것은 첨언된 내용으로 중개인과 대필인의 수고비 및 계약시에 연 회식의 비용이 大錢 150文이라는 것이다. 당시의 관행은 부동산을 매매할 때 중개인 등을 불러 함께 계약을 작성한 다음 중개인, 증인, 대필인 등이 모두 모여 연회를 벌이며 비용은 전부 매수인이 부담하는데 이를 '合食禮'라고 불렀다. 또한 계약서 작성 이후 매수인이 매도인 집안의 어른을 모셔 와서 양가의 가장이 함께 계약서에 서명하게 하고 매수인이 약간의 금전을 주는데 이는 '畫字禮'라고 하였다.

**청 광서 연간 楊貴榮 농지 매매 계약서**  산서성, 1875-1908

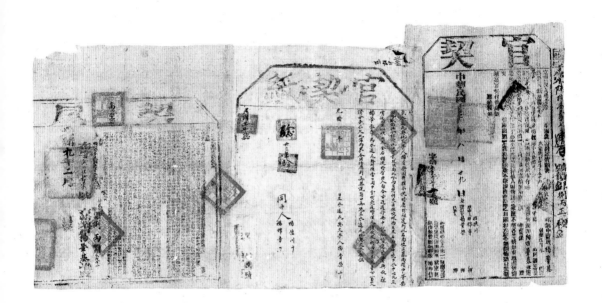

立永遠死契地文字人楊貴榮, 因耕種不便, 情願將祖遺到地名南堎上墓南頭中
等桑白地貳畝伍分証, 計地上下貳段, 係南北畛, 四至開明, 東至裡堎根, 西至
界石, 南至沖堎下水中心, 北至墳邊。四至以裡土木金石相連, 所有出入向合古
道通行。央中說合, 情願出賣與叔祖楊鞏基名下為永遠死契耕種。當日同中言
明, 受過時值死價紋銀捌兩整, 其銀筆下一並交清, 分毫不欠。此係兩家各出情
願, 別無異說。恐口無憑, 立永遠死地契文字存証。

光緒　　年　月　日立賣永遠死契文字人　楊貴榮(十字押)
同中人　楊德川(十字押)、楊錦章(十字押)

절매계약서를 작성한 楊貴榮은 농사를 지을 수 없어서 南堎上墓 南頭에 위치한
祖産 1 필지ㅡ 中等 桑白地 2畝 5分으로 사방의 경계가 분명하다. 동으로는 里堎
根에, 서로는 界石에, 남으로는 沖堎下水中心에, 북으로는 墳邊에 이른다. 사방
경계 안쪽의 상황을 확실하게 인수인계하였으며 사방 경계 안쪽의 土木石은 모두
그 안에 있다. 모든 출입은 원래의 방향으로 한다ㅡ 를 중개인의 중재를 통해 叔祖
인 楊鞏基에게 매도하여 농사를 지어 업으로 삼게 하기를 원하였고 매매대금으로
紋銀 8량을 받았다. 대금은 거래시에 지급이 완료되어 한 푼도 모자람이 없다. 더
불어 이것은 양가가 스스로 원하여 진행한 매매로 다른 의견은 전혀 없다. 또 이후
증빙이 없을 것을 우려하여 절매계약서를 작성하여 문자로 근거를 남긴다.
광서 연간 절매계약서를 작성한다.

계약 작성자　楊貴榮(십자서명)
중개인　楊德川(십자서명)、楊錦章(십자서명)

  이 문건은 전형적인 三聯契이다. 楊貴榮은 농사를 짓기 힘들어졌기 때문에 조상으로부터 물려받은 中等의 桑白地를 매도하였다. 契尾에서는 광서 9년에 계세 2錢 4分을 납부하였음을 명시하였다. 민국시기에는 驗契를 진행하여 당시의 官契를 붙여 三連契가 되었지만 驗契 때 납부한 세금의 액수는 명시하지 않았다.

  계약서에는 민국 21년과 민국 23년에 모두 驗契를 진행했다는 점을 밝히고 있고 또한 3매의 인장이 찍혀있다.

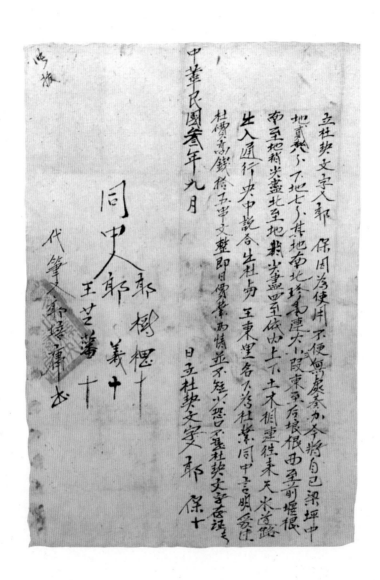

立杜契文字人郭保, 因為使用不便, 無處奏辦, 今将自己梁坪中地二畝八分, 下地七分, 其地南北珍禹, 連大小三叚, 東至后塽根, 西至前堰根, 南至地稍尖盡, 北至地尖盡, 四至依內, 上下土木相連, 往來天水道路出入通行。央中說合出與王東里名下爲杜業。同中言明受過杜價高錢十五串文整。即日價業兩情, 并不短少, 恐口不憑凭, 杜契文字存證。

中華民國三年九月日立杜契文字人　郭保(十字押)
同中人　郭樹檍(十字押)、郭義(十字押)、王芝藩(十字押)
代筆人　郭培庸(押) 鈐印陽城縣財政局關防

절매계약서를 작성한 郭保는 지출에 불편이 있는데 돈을 마련할 데가 없어서 자신의 梁坪 中地 2畝 8分, 下地 7分을 매도한다. 해당 토지는 남북 방향으로 珍禹에 속하며 大小 3叚에 걸치며, 동으로 後塽根, 서로 前堰根, 남으로 봉우리 끝, 북으로 봉우리 끝에 이른다. 사방의 경계가 문서 내에 적힌 대로이며 토지와 나무가 서로 이어지고 天水도로를 통해 출입한다. 중개인을 모셔와 논의하여 王東裏에게 매도하여 그가 관업하도록 하였다. 중개인과 함께 해당 토지 가격을 15串文으로 정하였다. 매매 당일에 대금 지불과 토지 양도가 분명하게 이루어졌으며 정액보다 부족함은 없었다. 구두로는 증거가 없게 되니 절매계약서를 작성하여 증서로 삼는다.

중화민국 3년 9월　일 절매계약서 작성자　郭保(십자서명)
중개인　郭樹檍(십자서명)、郭義(십자서명)、王芝藩(십자서명)
대필인　郭培庸(서명)

농지를 절매한 홍계이다. 홍색 방형의 인장에는 '陽城縣財□□關防'이 찍혀 있는 것을 식별할 수 있는데, 이는 계약 당사자가 산서성 陽城縣 財政局에 계세를 납부한 紅契라는 것을 보여준다. 여기서 매매된 토지는 두 부분으로 이루어져 있는데, '中地 2畝 8分과 下地 7分'이다. 여기서 中地와 下地는 토지의 등급이다.

또한 이 계약서에는 매매 토지를 표시할 때 일반적인 토지 계약 문서의 '一地一契'와는 다르게 "中地二畝八分, 下地七分 …… 連大小三段'라고 하고 있다. 즉 두 개로 등기된 크기가 서로 다른 세 곳의 토지를 포함하고 있다. 그러나 세 곳의 토지에 대해 각각의 면적, 경계 등의 정보를 제시하고 있지는 않다.

계약서상의 '上下土木相連, 往來天水道路出入通行'은 계약 문서에 상용하는 표현으로 그 의미는 해당 토지 매매가 토지 내의 모든 작물, 광물 등의 자원을 포괄하며 해당 토지의 도로가 사방으로 통한다는 것이다.

또한 계약서에 쓰인 '杜價高錢十五串文整'은 민국 초기 해당 지역에서 일반적으로 쓰인 화폐가 여전히 동전이며 세는 단위도 청대와 마찬가지로 여전히 串文이었다는 것을 반영한다. 그리고 '高錢'은 매매에서 사용된 화폐의 종류와 순도를 가리킨다. 양질의 제전을 高錢이라고 하였는데, 질이 좋아 소리가 분명하고 크기가 크고 두꺼웠다. 질이 낮은 것을 '皮錢이라고 칭하였는데, 피전은 질이 낮고 작고 얇았다.

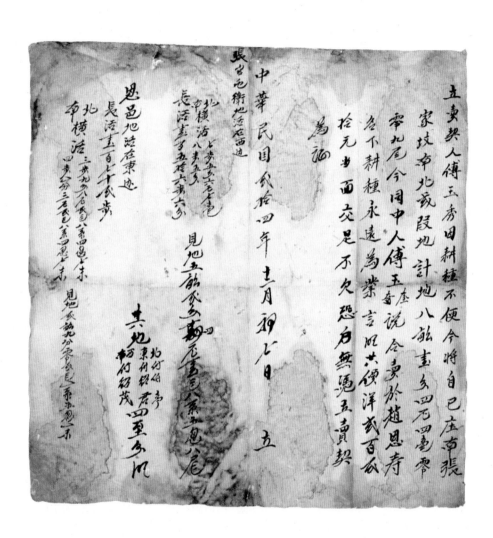

立賣契人傅玉秀, 因耕種不便, 今将自己庄南張家坟南北二段地, 計地八畝一分四厘四毫零零九尾。今同中人傅玉奎、玉奇說合賣于趙恩壽名下耕種永遠爲業。言明共價洋二百二十元。當面交足不欠。恐口無憑, 立賣契爲證。

中華民國二十四年十二月初七日立

张官□圍地活在西邊
北橫活七步五分六□七□, 南橫活八步五分
長活一百五十六步六分
見地五畝二分四厘一毫八丝五忽八尾

恩邑地活在東邊
長活一百七十三步
北橫活三步九分八厘二毫八丝四忽七末
南橫活四步八分三厘二毫八丝四忽七末
見地二畝九分零二厘一丝五忽一末
其地北付伯亭、東付紹君、西、南付紹茂, 四至分明

절매계약서를 작성한 傅玉秀는 경작에 불편함이 있어 현재 자신의 토지 남쪽의 張家墳 남쪽과 북쪽에 있는 두 곳의 면적이 8畝 1分 4厘 4毫 9尾인 토지를 매도한다. 현재 중개인 傅玉奎, 玉奇와 함께 의논하여 趙恩壽에게 매도하여 경작하고 영원히 관리하도록 한다. 매매 가격은 大洋 220元이라고 언급하였다. 당일에 직접 대금을 모두 지불하였다. 구두로는 증빙이 없게 되니 계약서를 작성하여 증서로 삼는다.

중화민국 24년 12월 초7일 簽訂

張官□衛地活이 西쪽에 있음

北邊은 가로로 7步 5分 6□ 7□, 南邊은 가로로 8步 5分

길이는 156步 6分

토지면적은 5畝 2分 4厘 1毫 8絲 5忽 8尾


恩邑地活이 東쪽에 있음

길이는 173步

北邊은 가로로 3步 9分 8厘 2毫 8絲 4忽 7末

南邊은 가로로 4步 8分 3厘 2毫 8絲 4忽 7末

토지면적은 2畝 9分 零2厘 1絲 5忽 1末


이 토지는 北邊은 伯亭의 토지에 붙어있고, 東邊은 紹君의 토지에 붙어있으며, 西邊은 紹茂의 토지에 붙어있어 사방의 경계가 분명하다.


해설

　　민국 시기의 토지 절매 백계이며 매매 내용이 비교적 간략하다. 토지의 기본 정보를 소개하는 외에 기타 복잡하게 격식화된 항목은 없다. 또한 계약 중개인과 증인의 서명, 매도인의 서명이 빠져있고 곳곳에 수정한 흔적이 있다.

　　일반적으로 白契는 소규모의 거래에 사용된 양식이었다. 따라서 白契의 서식은 비교적 자유로우며 필적도 紅契처럼 반듯하지 않고 내용도 상대적으로 간략하였다. 그런데 여기서 매매된 토지의 총면적은 8무 이상이었고 금액은 220元이나 되었다. 이를 보면 일반적인 소액 매매가 아니었으며 본 계약서는 토지 매매 계약서의 초안일 가능성도 있다.

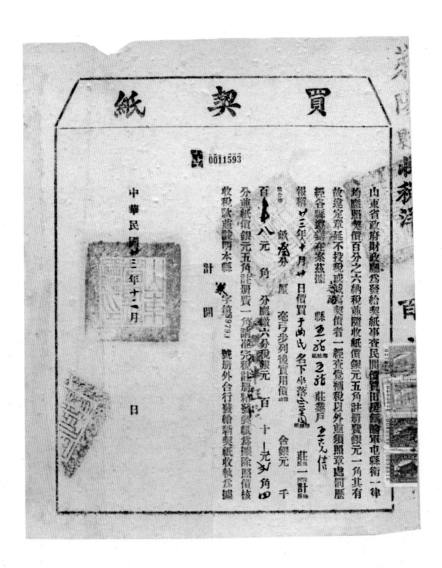

買契紙
0011593

[半書編號] 莱陽縣收稅洋百元, 上粘貼有印花稅票四張
山東省政府財政廳爲發給契紙事, 查民間價買田房, 無論軍縣县卫衛, 一律均應照契價百分之六納稅, 并随收紙價銀元五角, 注冊費銀元一角。其有故違定章延不投稅或减寫 契價者, 一經察覺, 补稅以外, 并须照章處罰, 歷經各縣遵辦在案。 兹据莱陽縣五龍都五龍庄業户王克信报稱廿三年十月廿日價价買于曲氏名下坐落西草園都 庄一段, 計 畝三分厘毫弓步列後, 實用價銀 合銀元千 百 八元 角 分, 應繳六分稅銀元 百十 元 二角四分(鈐印: 契稅减半徵收), 并紙價銀元五角, 注冊費一角。請准完稅注冊, 粘發新契紙收執爲據。除照價核收 稅款并注明本縣莱字第89793號册外, 合行發給新契紙收執爲據。

計開
中華民國廿三年十二月日(鈐印: 山東省財政廳印)

買契紙(編號: 0011593)
산동성 정부 재정청에서 계지를 발급하였다. 살펴보니 민간에서 부동산을 구매할 때 軍屯, 縣衛를 막론하고 일률적으로 계약 가격의 6%를 세금으로 납부하였고 또한 계지 가격은 銀元 5角, 등기비는 銀元 1角을 냈다. 고의로 규정을 어겨 기한을 넘기고도 세금을 내지 않거나, 혹은 계약 액수를 줄여서 적는 경우 조사해서 발각되면 세금을 보충해서 내도록 하는 외에 규정에 따라 처벌하는 일을 각 현에서 준

수하여 처리한 적이 있다. 지금 萊陽縣 五龍都 五龍莊의 業主 王克信의 보고를 받았는데 그 내용은 다음과 같다. "민국 23년 10월 20일 曲氏 명의의 西草園에 위치하며 면적이 三分인 토지 한 필지를 구매하였습니다. 실제 구매에 쓴 액수는 은원 8원이니 응당 세금으로 2角 4分(鈐印: 계세는 반으로 감액하여 징수하였음) 을 내고 아울러 계지 가격은 은원 5角, 등기비 1角을 납부하였습니다. 청컨대 세금 을 완납하였다고 장부에 기입하고 새 契紙를 발급받아 증빙으로 삼게 해 주십시 오." 가격에 비추어 검토하고 세금을 거두었으며 아울러 萊字 第89793號로 등기한 외에 새 契紙를 발급하여 증빙으로 삼도록 하였다.

토지에 대한 정보는 아래에 열거되어 있음
중화민국 23년 12월 일(산동성 재정청 관인)

**해설**

1944년 산동성 내양현에서 당시의 법규에 따라 토지거래 내용을 신고했다. 그 리고 계세와 계지 구입비, 등기비 등을 납부하고, 새로운 관계지를 발급받았다는 내용이다. 이런 규정을 지키지 않을 때는 세금 납부 이외에도 추가로 처벌규정이 있다는 것을 기록하고 있다. 그러나 세부적인 규정은 생략되어 있다.

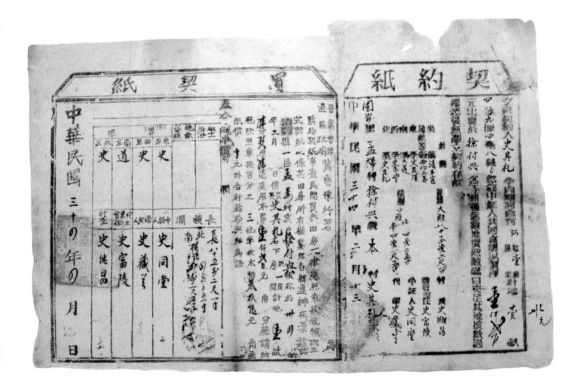

契約紙

立賣契約人史其禮, 今因自願将自有河地一處, 計地一畝四分九厘四毫八丝〇忽, 經中證人共同言明, 以價一千二百元出賣與徐付興名下耕種爲業, 地價照数當日交足, 其地按數過撥, 恐後無憑, 立契約存據。
計開
長闊: 大叚八十五步二尺一寸
坐落: 清豐區
地畝等級: 西北三等
東至: 史其漢, 南至: 大道; 西至: 史東堂; 北至: 史其禮
橫闊: 小叚, 北四步〇五寸; 南四步一尺五寸。
村長: 史繼昌
農會主任: 史富陵
中證人: 史同堂
代筆: 史藏蘭
固安里孟樽村徐付興收本村史其禮
民國三十四年二月十三日


買契紙

晋冀魯豫邊區政府冀魯豫行署, 爲發給契紙事, 查民間買典田房, 一律應照章投稅, 领取正式契紙, 以保其田房所有權。業經各縣遵辦在案。兹據清豐縣一區孟婁村業户徐付興報稱于卅四年二月日價買史其礼名下地一叚, 計地一畝四分

九厘四毫, 實用本幣壹仟二百元角分, 聲請納稅, 除照章按百分之三稅率收本幣三十六元角(奉令减半價), 幷紙價十元外, 合行粘發契紙爲證。

附：

坐落

地畝等級

界限：東至史, 西至史, 南至道, 北至史。

長橫闊：長八十五步二尺一寸；南、北橫長四步一尺五寸

中證人　史同堂

繕契人　史藏蘭

村農會主任　史富陵

村長　史繼昌

中華民國三十四年四月　日

**번역**

契約紙

토지 매매 계약서를 작성한 사람은 史其禮이다. 현재 면적이 1畝 4分 9厘 4毫 8絲인 자신의 하천변의 토지를 중개인을 통해 함께 논의하여 1200元의 가격으로 徐付興에게 매도하여 경작하고 업으로 삼도록 하였다. 매매대금은 당일에 모두 지급받았으며 그 토지도 양도하였다. 이후 증거가 없을까 우려되어 계약서를 작성하여 증빙으로 보관한다.

해당 토지에 대해 설명하면 다음과 같다:

길이: 큰 필지 85步 2尺 1寸

위치：清豐區

토지 등급：西北 3等

동쪽 경계는 史其漢의 토지, 남쪽 경계는 도로, 서쪽 경계는 史東堂의 토지, 북쪽 경계 史其禮의 토지이다.

길이 : 작은 필지, 북변은 4步 5寸, 남변은 4步 1尺 5寸

村長　史繼昌

農會主任　史富陵

중개인 겸 증인　史同堂

대필인　史藏蘭

固安裏　孟樽村　徐付興이 本村　史其禮에게서 토지를 받음

민국 34년 2월 13일


買契紙


晉冀魯豫邊區 정부 冀魯豫行署에서 계지를 발급하였다. 살펴보니 민간에서 부동산을 買典할 때 일률적으로 규정에 따라 세금을 내고 정식 계지를 수령하여 그 부동산의 소유권을 보장하도록 각 현에서 처리한 적이 있다. 지금 清豐縣 一區 孟婁村 業戶 徐付興의 보고를 받았는데 그 내용은 다음과 같다. "민국 34년 2월 모일 史其禮 명의 하의 토지 1필지, 면적이 1畝 4分 9厘 4毫인 곳을 실제로 1200元으로 매수하고 세금을 납부하러 관청에 와서 규정에 따라 세율 3%를 적용받아 36元 (명을 받아 반을 감액 받음)과 계지 가격 10元을 내고 계지를 발급받아 증서로 삼았습니다."

附 :

위치 :

토지등급 :

경계 : 동으로는 史姓의 토지에 이름. 서로는 史姓의 토지에 이름. 남으로는 도로에 이름. 북으로는 史姓의 토지에 이름.

넓이 : 길이 85步 2尺 1寸 ; 남북의 길이는 4步 1尺 5寸

중개인 겸 증인　史同堂
대필인代　史藏蘭
村農會主任　史富陵
村長　史繼昌
중화민국 34년 4월 일

　　중화민국 34년 晉察魯豫邊區 정부 晉魯豫行署 淸豐縣에서 업주 徐付興에게
발급한 계약지와 매계지이다. 항일전쟁시기 중국 공산당 통치 하의 晉冀魯豫邊
區 淸豐縣(지금의 河南省 濮陽市에 속함)의 토지 매매 문서이며, 공산당 변구정
부의 토지관리가 비교적 효과적으로 실현되고 있음을 보여주는 문서이다.

　　토지 매매와 세금 납부 시간을 보면, 業主 徐付興은 민국 34년 2월 史其禮로
부터 토지 1필지를 매수하였는데, 이 때 사용한 것은 변구정부에서 통일적으로
인쇄한 계약지로, 민간의 자의적인 양식을 대신한 공식 서식이었다. 2개월 후 업
주 徐付興은 변구정부에 세금을 납부하였는데 정해진 액수에 맞추어 계세를 납
부하고 변구정부에서 발급한 매계지를 받았다. 이러한 배경에는 변구정부의 완
비된 토지 관리 체계가 있었다.

　　여기서 매매된 토지 면적은 1畝 4分 9厘 4毫였으며, 이는 지방 정부에서 사전
에 이미 정확한 측량을 진행하였음을 보여준다.

　　동시에 토지 매매 세금 부분에 있어서 변구정부는 규정에 따라 국민들이 변구
내에서 부동산 매매, 전매를 할 때 계세를 낼 것을 요구하였다. 계세는 매매 가
격에 따라 징수하며 세율은 買契 6%, 典契 3%였다. 이는 청대와 국민 정부의
정책을 계승한 것이다.

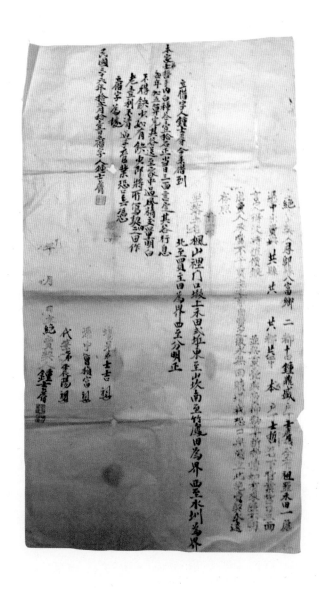

立絶賣契人尋鄔縣八富鄕二都十甲鍾鼎盛戶丁士睿, 今有祖置禾田一處。憑中出賣賣與共縣共鄕共都共甲本戶丁士哲名下管業。 當日三面言定得受時値價銀(金額空白), 並無重疊典當, 抑勒准折等情, 如有來曆不明, 出賣人承當, 不幹買主之事。自賣之後, 永無回贖增找。恐口無憑, 立此絶賣契永遠存照。

計開

坐落土名 楓山裏門口塅上, 禾田二坵, 東至山坎, 南至竹鳳田爲界, 西至水圳爲界, 北至買主田爲界, 四至分明正。

立借字人鍾士睿今來借到本家弟士哲手內白種穀一十石正。當日三面言定, 其穀行息每年加五算完。其穀, 送至家中過風精交量明白, 不得缺少。如有缺少, 即將所寫契內之田作老一利  淸, 過手管業。恐口無憑, 立借字爲據。


民國三十六年十二月十一日立借字人鍾士睿(蓋章)。

場見弟　士吉(押)

憑中　曹楨富(押)

代筆　弟震陽(押)

年月日立絶賣契人鍾士睿(蓋章)

尋鳥縣 八富鄕 2都 10甲 鍾鼎盛 戶의 丁 士睿은 이 토지 절매 계약서를 작성하였다. 오늘 조부가 구입한 禾田 1필지를 중개인의 소개로 같은 마을의 鍾士哲에게 매도하여 관리하도록 하였다. 계약 당일 쌍방 및 중개인 삼자가 논의하여 거래 가격을 ○○로 정하였다. 매매 과정에는 중복하여 활매, 매매하거나 전당 잡히거나 채무로 인한 저당 가격을 깎은 정황이 없었다. 만약 내력이 불명확한 사람이 간섭

하여 분쟁이 발생하면 매도인이 모두 책임지며 매수인과는 무관하다. 토지 매매 이후 매도인이 핑계를 대고 매수인에게 가격을 올릴 수 없으며 영원히 회속할 수 없다. 쌍방은 이에 대해 이견이 없다. 이후에 증빙이 없을까 우려되어 이 계약서를 작성하여 영원히 증거로 삼는다.


증인 동생 土吉(서명)

중개인 曹楨富(서명)

대필인 동생 震陽(서명)

년 월 일 절매계약서 작성자 鍾土睿(인장)


차용계약서

鍾土睿는 이 계약서를 작성한 사람으로 이번에 친족인 鍾土哲에게서 白種穀 1擔을 빌렸다. 계약 당일 중개인과 함께 세 사람이 다음과 같이 결정하였다. 빌려준 곡물에 대한 이자는 매년 錢1,000枚당 이자 5分으로 계산하며, 빌린 사람이 鍾土哲의 집안에 보내야 한다. 풍차의 풍력을 통해 알곡과 껍질을 분리한 후 골라서 말린 곡물을 보내야 하며, 그 수량은 반드시 명확해야 하고 부족함이 있어서는 안된다. 만약 부족함이 있으면 계약서에 기재된 토지를 계약금으로 삼고 이 토지를 곡물을 빌려준 사람이 접수하여 관리한다. 구두로는 증빙이 없게 되어, 이 계약서를 작성하여 근거로 삼았다.


민국 36년 12월 11일 차용계약서 작성자 鍾土睿(인장)


해설

이 절매 계약과 차용 계약은 한 장의 문서에 기재되어 있다. 전반부는 관부에서 통일적으로 인쇄한 격식으로 만든 계약 문서인 관계지를 이용하여 스스로 실제 상황에 근거하여 작성한 절매 계약서이고, 후반부는 민간에서 쓰이는 형식에 따라 작성한 차용 계약서이다.

절매 계약 부분은 관청에서 통일적으로 인쇄한 양식이다. 명청 시기 정부의 계약 문서에 대한 관리 강화에 따라 해당 관청에서는 공란이 있는 부동산 매매 계약서를 통일적으로 발행하였다. 민간에서 필요할 때 스스로 이 계약서의 빈칸을 채우고 계약서를 완성한 뒤 세금을 납부하여 서식의 불편함을 줄일 수 있었으며 민간의 통일되지 않은 서식을 사용하여 나타나는 문제를 피할 수 있었다. 이러한 방식은 민국 시기까지 이어졌다. 매매 쌍방은 단지 매도인과 매수인의 성명 및 부동산의 위치와 경계, 종류, 면적, 가격 등의 정보만 기입하면 되었다. 해당 절매 계약에서 쓰인 용지는 바로 관청에서 통일적으로 인쇄한 계약서였다. 그러나 매매 금액을 적는 부분에 실제 액수는 적혀 있지 않다. 이 계약서에 기재된 토지 매매는 실제 이루어지지 않은 것이다.

그리고 절매 계약서의 공백 부분에는 한 장의 차용 계약서가 기재되어 있다. 이 차용증에는 채무자가 채권자로부터 곡식을 빌렸다는 내용과 그 상환 방식이 기재되어 있다. 또한 채무자가 채무를 상환할 수 없는 경우에 대해 앞 계약서에 쓰인 토지를 담보로 설정하고 있다. 이 때문에 이 절매 계약서는 채무자의 변제를 기초로 한 채무 저당 계약임을 보여준다.

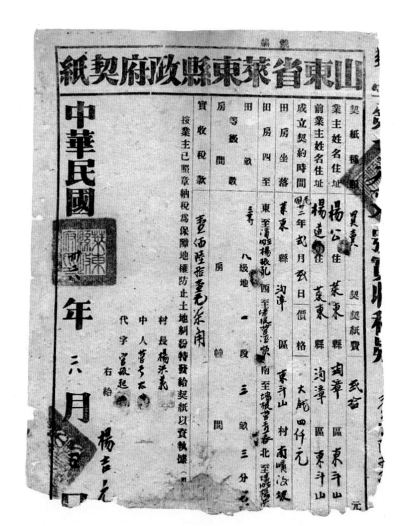

**山东省莱东县政府契纸**

| 契纸种类 | 业主姓名住址 | 前业主姓名住址 | 成立契约时间 | 田房坐落 | 田房四至 | 田房登记亩（间）数 | 实收税款 |
|---|---|---|---|---|---|---|---|
| 买卖 | | | 民国卅二年二月二日 | | | | |
| 契纸费 二十元 | 杨公，住莱东县淘漳区东斗山 | 杨道，住莱东县淘漳区东斗山 | 价格 大钱四千元 | 莱东县淘漳区东斗山村南岭后坡 | 至在振，至彦膏，至根□，至在杨洪□ 东沟内杨孔西土根□顺南墙音春北墙内杨洪□ | 三等八级地一段三亩三分七厘，（房栋间） | 一百六十一元七角 |

按业主已照章纳税，为保障地权，防止土地纠纷，特发给契纸以执据。

村长 杨洪义

中人 音太

代字：官振起

右给：杨吉元收执

中华民国卅六年五月日（钤印：莱县政府印）

**山東省萊東縣政府契紙**

|  |  |
|---|---|
| 계약서 종류 | 매매 |
| 업주 성명 및 주소 | 楊公. 萊東縣淘灘區東門山 |
| 전업주 성명 및 주소 | 楊道. 萊東縣淘灘區東門山 |
| 계약성립시기 | 民國32年2月2日 |
| 가격 | 大緣4000元 |
| 田房 위치 | 萊東縣淘灘區東門山村南嶺後坎 |
| 田房경계 | 東으로 溝在內楊接孔. 西로 土亥根管口順, 南으로 達根管口泰, 北으로 墻在內楊洪口에 이름. |
| 田房登記畝(間)數 | 3等8級地1段3畝3分7厘. (房棟間) |
| 실제세액 | 161元7角 |
| | 업주가 이미 장정에 따라 납세를 하여 그 권리를 보장받고 토지 분쟁을 방지하려 하니 특별히 契紙를 발급하여 증거로 삼는데 보명이 되도록 한다. |
| 계약서비용 | 20元 |

村長 楊洪毅

中人管事 太

代字: 官授起

이상은 楊吉元에게 발급하여 중서로 삼도록 하였다.

中華民國36年6月5日 (鈐印: 萊東縣政府印)

　이 문서는 민국시기 산동성 萊陽 지역의 토지 매매 문서이다.

　당시 산동성 정부는 세금을 거두기 위해　매계지, 관계지를 간행하였다. 민간에서는 전택 매매 시 반드시 관청에서 계지를 구매하고 관련 비용을 납부한 후 세금을 납부하고 매계지와 험계지 등의 새로운 양식의 계지를 획득하였다.

立賣斷根面盡田契永使乃盛承祖遺闕分份下有

五田壹號坐產俵苞五十六都地方大名龍仔

計文參畝捌分整肉應憑檢陳田來其根色整仔

查報完納舊糧色玄在陳趄戶下歷年完納

無異今因別用自愿托中將此根面盡賣斷

與上完鄉

郑文欽處永遠　爲業三面言議本日賣斷出田根

面價銀國幣玖百壹拾伍員正其銀即日交足

其田听從買主前去翻犁耕作收掌于栛听其

遍甲人戶丁納糧色但此田係處承祖遺闕分份

下物業與房內伯叔兄弟侄無干亦未曾重張

典當他人財物如有來歷不明處情愿處出頭

承當與買主無涉自賣斷之後價足處愿永斷

萬簫高積處子孫永不敢別生枝即之理兩相

允愿�勿反悔今欲有憑立賣斷根面盡田契書紙

又繳紅原契書紙又繳將新贖同契書紙共貳壹紙

付执永遠爲照

中華民國叄拾捌年十二月吉日立賣斷根面盡田契陳乃盛押

　　　　　　　　　　　在見保長興迫

　　　　　　　　　　　金亀堂弟乃春押

　　　　　　　　　　中人徐明仁迫

　　　　　　　　　　代字張永欽華押

　　　　　　　在見生女世周霎

　　　　　　經見堂見乃欽

　　　　　　　乃贊押

　　　　　　万留後

　　　　　　乃欽押

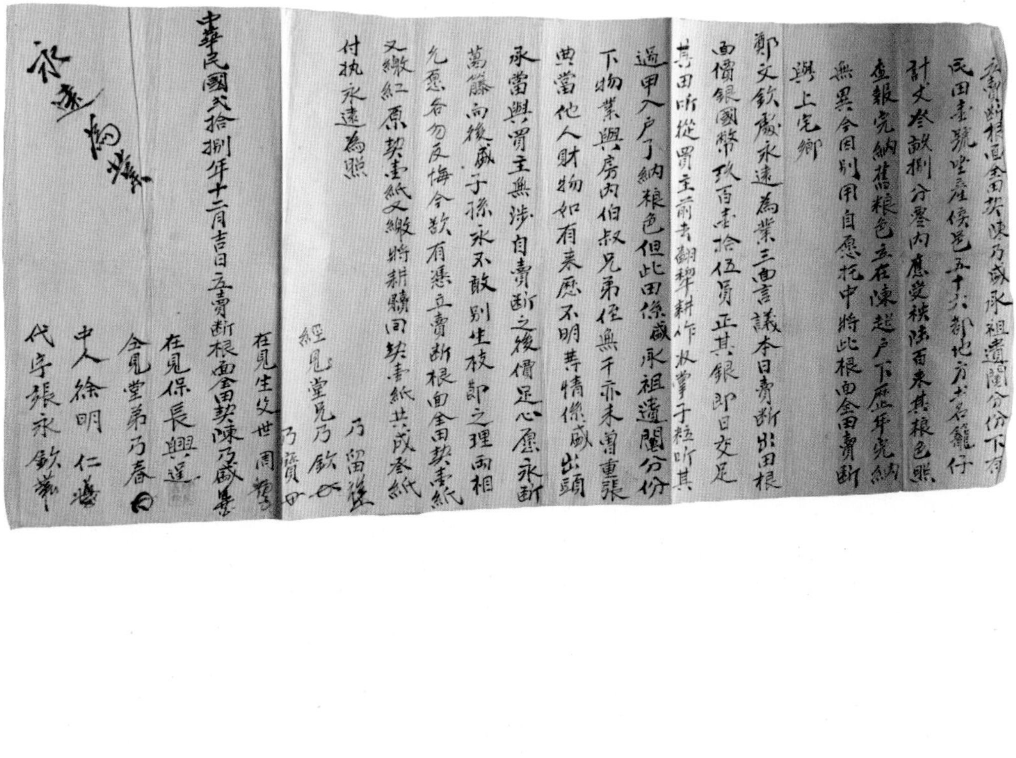

立賣斷根面全田契陳乃盛承, 祖遺 闔分份下有民田一號, 坐産候邑五十六都地方, 土名籠仔, 計丈三畝八分零, 內應受秧六百束, 其糧色照查報完納, 旧糧色立在陳超戶下, 歷年完納無異。今因別用, 自願托中将根面全田賣斷與上宅郷鄭文欽處永遠爲業, 三面言議本日賣斷出田根面價銀国幣九百一十五圓正, 其銀即日交足。其田廳從買主前去翻犁耕作, 收掌子粒, 聽其過甲入戶、了納糧色, 但此田系盛承祖遺闔分份下物業, 與房內伯叔兄弟侄無干, 亦未曾重張典當他人財物, 如有來歷不明等情, 系盛出頭承當, 與買主無涉。自賣斷之後, 價足心願, 永斷葛藤。向後盛子孫永不敢別生枝節之理, 两相允願, 各勿反悔, 今欲有憑, 立賣斷根面全田契一紙, 又繳紅原契一紙, 又繳将耕贖回契一紙, 共成三紙付執, 永遠爲照。

中華民国三十八年十二月吉日立賣卖斷根面全田契　陳乃盛(押)
經見堂兄　乃留(押)、乃钦(押)、乃宝(押)
在見生父　世周(押)
在見保長　與逞(蓋章)
仝見堂弟　乃春(押)
中人　徐明仁(押)
代字　張永欽(押)
外批　永遠爲業

토지 소유권과 사용권을 완전하게 양도하는 문서를 작성한 사람은 陳乃盛이다. 조상의 유산을 나눠받아 자신의 명의 하에 있는 1필지 民田은 복건성 候官縣에 위치한 56都에 있고 면적은 정확히 3畝 8分이며 600束의 秧苗를 재배 가능하다. 이 농지의 田租와 부세는 관청의 규정에 의거하여 납부하며 이전의 稅糧은 陳超의 명의 하에 납부하였으며 매년 납부를 모두 완료하였다. 현재 그가 돈을 쓸 다른 곳이 생겼기 때문에 스스로 쌍방 사이에서 협상을 해 줄 중개인을 찾아서 토지의 소유권과 사용권을 같은 縣 上宅鄕의 鄭文欽에게 완전히 양도하여 산업으로 삼아 영원히 관리하도록 하였다. 매매 쌍방과 중개인 3자는 상의하여 오늘 판매하는 해당 항목의 토지 가격을 國幣 915元으로 결정하였고 이미 대금을 완전하게 지급하였다. 이후 해당 농지는 매수인이 임의로 가서 농사를 짓고 양식을 수확하며, 자신의 戶 아래로 변경하여 관청에 세금을 납부하도록 한다. 이 토지는 陳乃盛이 선조로부터 물려받아 자신의 명의 아래로 넣은 산업에 속하며 伯·叔·兄·弟·侄 등과는 관계가 없다. 또한 지금까지 이 땅을 다른 사람에게 저당 잡힌 적이 없다. 만약 토지의 내력과 경과가 불명확한 상황이 있으면 마땅히 陳乃盛이 직접 나와서 책임을 져야 하며 매수인과는 어떠한 관계도 없다. 완전히 양도가 이뤄진 후 대금은 쌍방이 원하던 바와 부합하므로 영원히 매도인과는 어떠한 관계도 없다. 이후 陳乃盛의 자손은 영원히 다른 시빗거리를 찾아내려 해서는 안 되며 쌍방 모두 스스로 원하여 모든 조건에 합의하였으므로 돌이키려 해서는 안 된다. 이후 분쟁이 발생하는 데 이르지 않게 하기 위해 이 토지를 완전히 양도하는 계약서를 썼고, 또 원래 매도인이 이 땅을 취득할 때 서명했던 계약 문서를 함께 매수인에게 주었으며 이 토지의 경작권 회속에 대한 계약서 1장까지 모두 3장의 계약을 전부 매수인에게 주어 영원히 이 산업을 소유하는 증거로 삼는다.

중화민국 38년 12월 길일, 절매계약서 작성자  陳乃盛(서명)
현장에 있던 堂兄  乃留(서명), 乃欽(서명), 乃寶(서명)
현장에 있던 증인 부친  世周(서명)
현장에 있던 증인 保長  與逞(인장)
함께 본 堂弟  乃春(서명)
중개인  徐明仁(서명)

대필인  張永欽(서명)
첨언: 영원히 산업으로 삼아 관리한다.

해설

  이 계약서는 민국시기의 전형적인 절매계약서이다. 계약서 상의 '上手老契'란 매도인이 해당 토지를 취득할 때의 일체의 계약 문서를 가리킨다. 이번 거래가 이뤄질 때 부속문서까지 모두 새로운 매수인에게 지급되도록 하였다.

  또한 이 계약서는 백계이기 때문에 過割의 단계가 없다. 계약 작성 시기인 민국 38년 12월에서 알 수 있듯이, 계약을 작성한 시기는 중화인민공화국이 막 성립된 때로 새로운 정부가 수립된 이후 사회제도에 격변이 발생했을 가능성이 있다. 그러므로 이 계약 역시 정부에 대한 납세의 합의도 없다.

## 2) 산지 매매 계약서

### 35 명 홍무 24년 馮伯潤 산지 매매 계약서

안휘성, 1391

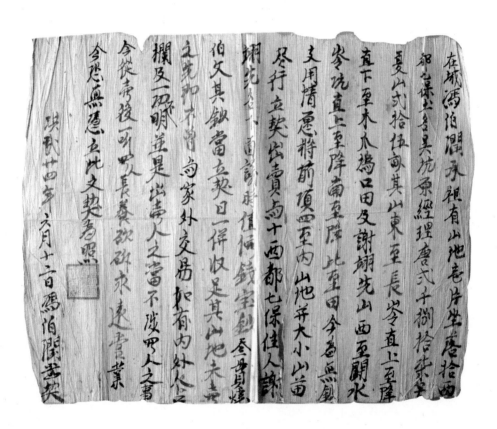

在城馮泊潤承祖有山地壹片, 坐落拾西都七保土名吳坑, 原經理唐貳千捌拾柒
号, 夏山貳拾伍畝. 其山東至長嶺直上至降, 直下至木瓜塢口田及謝翊先山, 西
至開水嶺坑直上至降, 南至降, 北至田。今為無鈔支用, 情願將前項四至內山地
并大小山苗, 盡立契出賣與十西都七保住人謝翊先名下, 面議時值價錢寶鈔叁
貫四百文, 其鈔當立契日一併收足。其山地未賣之先, 即不曾與家外交易, 如有
內外人占欄及一切不明, 并是出賣人之當, 不涉買人之事。今從賣後, 一聽買人
長養砍斫, 永遠管業。今恐無憑, 立此文契為照。

洪武二十四年六月十二日　馮泊潤 契

馮泊潤은 조상으로부터 물려받은 14都 7保에 위치한 산지 1필지, 토지 명은 吳
坑, 2087호, 夏[下]山 25무, 동쪽은 木瓜塢口田 및 謝翊先山, 서쪽은 開水嶺坑,
남쪽은 산, 북쪽은 밭에 이른다. 지금 쓸 돈이 없어서 위의 산지와 산지 내의 산묘
를 14都 7保의 謝翊先에게 매매하기를 원한다. 계약서 작성일에 寶鈔 3 貫 400문
을 받았다. 산지 매매 이전의 사항들은 모두 매도인이 처리한다. 매매 이후에는 매
수인이 영원히 관리한다. 증빙이 없을 것을 우려하여 이 계약서를 작성하여 증거로
삼는다.

홍무 24년 6월 12일　馮泊潤(서명)

명초의 산지 절매 계약서로 관청에 세금을 내지 않은 白契이다. 본 계약은 산지를 같은 都 지역의 사람과　매매하고 있다. 馮泊潤의 산지는 선조가 물려준 것으로 分家析産을 통해 얻은 토지이다. 생활이 빈곤해지는 상황에 처하여　산지를 매매하였다. 산지의 위치, 일련번호, 사방의 경계, 산지의 면적 등을 상세하게 설명하였다. 이는 바로 매수인의 알 권리를 충족시키는 동시에 이후의 분쟁을 방지하기 위한 증빙이다.

　　계약서에는 거래 이전의 산지 상황에 대해 상세한 설명을 진행하였다. 이는 산지에 대한 책임을 인정하는 설명의 일종이다. 매도하는 쪽은 많은 경우 생활 빈곤으로 인해 토지를 매도하기 때문에 거래 중에 약세인 쪽이다. 이로 인해서 매매계약 중에는 많은 경우 매도인의 의무를 강조하여 계약 중에 토지 거래 이전의 각종 상황을 분명하게 전달하고 일단 이후에 문제가 발생하면 모두 매도인이 처리하고 매수인은 관계가 없다는 것을 명시하였다.

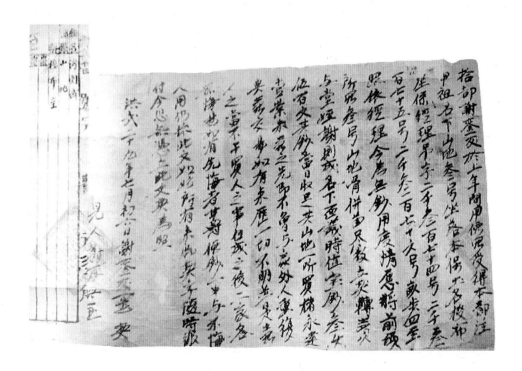

十西都謝則賢今有山地一片，坐落本都七保土名吳坑源木瓜塢西培，經理系唐字貳千捌拾肆號，共計山壹拾畝，其山東至坑，西至降，南至塢心，北至嶺。其山與謝振安，謝從政相共，肆分中本宅合得壹分，立契將前項合得分發山地出賣與本都謝能靜名下，面議價鈔三百貫，當日以訖。其山一任買人永遠一同振安、從政管業，未賣之先，即不曾與家外人交易，如有家外人占攔，并賣人之只當，不涉買人之事，所是上手文契，與侄振安相共，不及繳付。今恐無憑，立此文契為照。

宣德貳年丁未九月十八日謝則賢(押)

10都의 謝鑾友는 작년에 해당 都의 汪甲祖 명의의 산지 3 필지를 매수하였다. 이 토지는 해당 保의 梭布岰라고 하는 곳에 위치하며, 吊字 2374호, 2375호, 2376호에 해당하고 그 면적과 경계는 이상의 토지의 것에 따른다. 현재 쓸 돈이 없어서 이상 항목의 구입한 산지 3 필지를 모두 兄堂侄 謝則成에게 매도하였다. 직접 만나 의논하여 산지의 시세를 寶鈔 3,500文으로 정하고 대금은 모두 당일에 수령하였으며 해당 산지는 매수인이 영원히 관리하도록 하였다. 이 토지가 팔리기 전에 외부인에게 중복하여 매매하여 토지 내역에 불명확한 점이 있다면 모두 매도인의 책임이며 매수인과는 관계없는 일이다. 계약이 이루어진 후 두 집안 모두 후회하는 일이 없어야 하며 만약 먼저 후회하는 자가 있다면 기꺼이 벌금으로 鈔 1貫을 후회하지 않은 사람에게 지급한다. 지금 증빙이 없을 것을 우려하여 이 계약서를 작성하여 증거로 삼는다.

홍무 29년 7월 초6일  謝鑾友(서명)
　　　　　　증인  謝再興(서명)

명초의 산지 절매 계약서로, 관청에 납세를 하지않은 白契이다.

산지의 위치, 일련번호, 사방 경계, 면적 등을 상세하게 설명하였다. 토지거래 시 위와 같은 종류의 화폐 사용 현상은 명 중기의 복잡한 화폐 상황을 보여준다. 명초에는 강력하게 寶鈔를 추진하였고 거래에서 白銀을 사용하는 것을 엄금하였다. 하지만 상업의 발전과 정부의 보초 남발에 따라 보초의 가치가 떨어졌을 뿐 아니라 급격히 도태되었다. 이로 인해 명 홍치 연간 이후 민간의 통화로 보편적으로 사용된 것은 白銀이었다.

위에서 서술한 "上手文契"는 來脚契, 老契 등으로도 칭하는데, 과거 토지가 매매되는 과정에서 형성된 각종 계약서의 총칭이다. 현재의 거래에 있어서 上手契의 전달은 필수적이다. 上手契와 現契는 모두 법률적 효력을 갖추고 있어 두 가지가 함께 구체적인 소유권을 증명한다. 現契에서 명확하게 上手契를 전달하는 것은 판매하는 토지의 소유권이 이동하는 증거인 동시에 이후 분쟁이 발생했을 때를 위한 증빙의 일종이다. 上手契의 처리에 있어서 일반적으로는 첨부하여 넘겨주기, 때에 맞춰 넘겨주지 못하기, 다른 산업과 연결되어 있어 넘겨지지 못하는 상황 등이 있다.

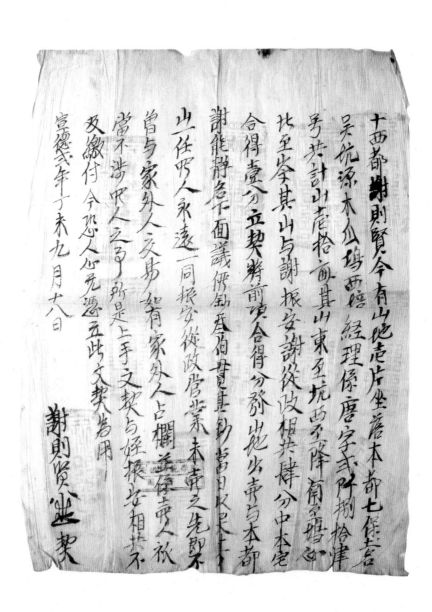

十西都謝則賢今有山地一片, 坐落本都七保土名吳坑源木瓜塢西培, 經理系唐字貳千捌拾肆號, 共計山壹拾畝, 其山東至坑, 西至降, 南至塢心, 北至嶺。其山與謝振安、謝從政相共, 肆分中本宅合得壹分, 立契將前項合得分發山地出賣與本都謝能靜名下, 面議價鈔三百貫, 當日以訖。其山一任買人永遠一同振安、從政管業, 未賣之先, 即不曾與家外人交易, 如有家外人占欄, 并賣人之只當, 不涉買人之事, 所是上手文契, 與侄振安相共, 不及繳付。今恐無憑, 立此文契為照。

宣德貳年丁未九月十八日謝則賢(押)

14都 謝則賢은 지금 산지 한 곳을 가지고 있는데, 本都 7保의 土名 吳坑源木瓜塢西培에 위치하며 唐字 2084號로 총 10畝이다. 동으로 坑에 이르고, 남으로 塢心에 이르며 북으로 嶺에 이른다. 그 산은 謝振安, 謝從政과 함께 공동으로 소유하고 있으며 지분으로 총 4분의 1을 가지고 있다. 이를 本都 謝能靜의 명의로 매도하기로 계약하였다. 직접 만나 의논하여 가격을 鈔 300貫으로 하였으며 당일에 모두 수령하였다. 그 산은 매수인이 영원히 謝振安, 謝從政과 함께 관업하도록 한다. 그 산은 팔리기 전에 외부인에게 매매된 적이 없으며 만약 외부인이 분란을 일으킬 경우 모두 매도인의 책임이며 매수인과는 무관하다. 이 계약서를 조카 振安에게 넘겨 서로 공유하도록 한다. 지금 증거가 없을까 우려되어 이 계약서를 작성하여 증빙으로 삼는다.

선덕 2년 정미 9월 18일   謝則賢(서명)

명초의 산지 매매 계약서로 관부에 납세를 하지 않은 白契이다.

　산지의 위치, 일련번호, 사방의 경계, 산지의 면적 등을 상세하게 설명하였다. 이는 바로 매수인의 알 권리를 충족시키는 표현의 하나이며 동시에 이후 재산권 분쟁을 방지하기 위한 일종의 빙증이다. 謝則賢은 上手契의 처리에 있어서 "미처 넘겨주지 못한(未及繳付)" 상황이었다. 謝則賢이 판매한 산지는 그 조카인 謝振安과 공동으로 가지고 있는 것이기 때문에 때에 맞춰 上手契를 매수인인 謝能靜에게 넘겨주지 못하였다.

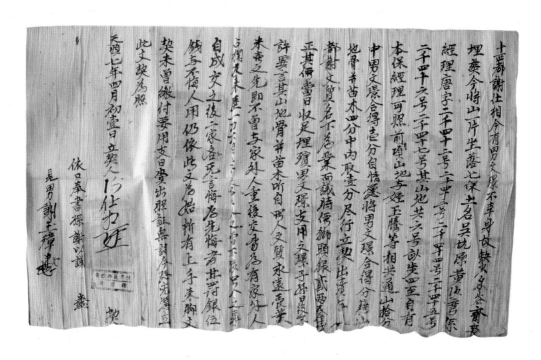

十西都謝仕相今有男文璟不幸身故，缺少錢穀齋喪埋葬，今將山一片，坐落七保土名吳坑原黃沙彎，系經理唐字二千四十二號、二千四十三號、二千四十四號、二千四十五號、二千四十六號、二千四十七號，其山地共六號，畝步四至自有本保經理可照。前項山地與侄王騰等相共，通山拾分中，男文璟合得壹分，自情願將男文璟合得分籍山地骨并苗木，四分中內取壹分，盡行立契出賣與本都謝文質名下為業，面議時價獅頭銀貳兩三錢正，其價當日收足，埋殯男文璟支用，文璟子孫日後不許異言。其山地骨并苗木聽自買人文質永遠管業，未賣之先，即不曾與家外人重複交易，如有家外人占攔，及來歷不明，自是賣人只當，不涉買人之事。自成交之後，二家各無言悔，先悔者甘罰銀五錢，與不悔人用，仍依此文為始。所有上手來腳文契，未曾繳付，要用支(之)日，責出照證無詞。今恐無憑，立此文契為照。

天順七年四月初壹日立契人　謝仕相(押)

依口奉書孫　謝以謙(押)

見男　謝玉璋(押)

十西都의 謝仕相은 아들 文璟이 불행히도 사망하였는데 장사 지낼 자금이 부족하여 지금 산지 1필지, 7保에 위치하며 吳坑原黃沙彎이라고 하는 곳의 唐字 2042호, 2043호, 2044호, 2045호, 2046호, 2047호 모두 6개 필지로 그 면적과 경계를 해당 保에서 확인할 수 있는 토지를 팔았다. 이 산지는 조카 王騰과 공유하였는데, 전체 10分 중에서 아들 文璟이 받았어야 할 것은 1分이었다. 스스로 원하여 아들 文璟이 받았어야 할 몫에서 4분의 1을 해당 都의 謝文質에게 팔아 업으로 삼도록 하였다. 만나서 논의하여 시가를 獅頭銀 2량 3전으로 하였고 계약 당일에 이를 모두 수령하여 아들 文璟을 장사 지내는 비용으로 썼으니, 文璟의 자손은 이후 딴소리를 해서는 안 된다. 그 산지는 구매자인 謝文質이 영원히 관리하도록 한다. 산지가 팔리기 전에 외부인에게 중복으로 매매하여 해당 외부인이 그 토지를 점거하고 있거나 내력이 불분명한 일이 있다면 모두 매도인이 책임져야 하며 매수인과는 관계 없는 일이다. 계약이 이루어진 후에 두 집안은 각각 후회하는 일이 있어서는 안 된다. 먼저 후회하는 자는 벌금으로 은 5전을 후회하지 않은 쪽에게 지급하며 또한 이 문서에 의거하여 지급을 시작하도록 한다. 이 계약서는 교부한 적이 없으며 필요시 가져와서 증거로 쓰도록 하였다. 증거가 없을까 우려되어 이 문서를 작성하여 증빙으로 삼는다.

천순 7년 4월 초1일 매매계약서 작성자　謝仕相(서명)

　　　　　　　　　대필인　손자　謝以謙(서명)

　　　　　　　　　증인　謝玉璋(서명)

해설

　산지 절매 계약서로 아들이 사망하면서 장례비용이 부족하여 사망한 아들이 친족과 공동으로 가지고 있던 산지의 아들 지분을 절매하여 장례비용을 충당했다는 내용이다. 토지명과 위치, 일련번호, 아들의 지분을 표시하고 매매대금을 기록하였다. 매매 이전의 산지 지분과 관련된 사항은 모두 매도인이 책임지며, 계약을 먼저 파기하는 쪽이 물어야 하는 벌금의 액수도 명시하였다.

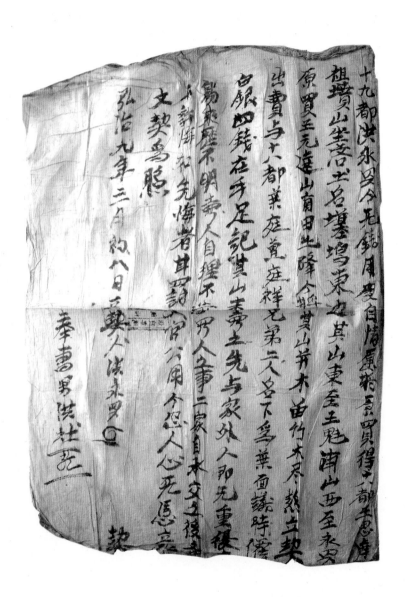

十九都洪永興今無鈔用度, 自情願于原買得十八都王思達祖墳山, 坐落土名墓塢東邊。其山東至王魁甫西至永興原買王元達山, 南田, 北降。今將其山幷木苗竹木盡數立契出賣與十八都業庭曾、庭祥兄弟二人名下爲業, 面議時價白銀四錢, 在手足訖。其山賣之先, 與家外人卽無重複交易, 來歷不明, 賣人自理, 不涉買人之事。二家自承交之後, 系不許悔, 如先悔者, 甘罰入官公用。今恐無憑, 立此文契爲照。

弘治九年三月初八日立契人　洪永興(押)

奉書男　洪祉(押)

19都의 洪永興은 사용할 자금이 없어, 18都의 王思達에게서 매수한 산지, 토지명은 墓塢이고, 동쪽은 王魁甫, 서쪽은 永興이 王元達에게서 매수한 산지, 남쪽은 밭, 북쪽은 절벽에 이르는 산지를 묘목, 대나무 등과 함께 18都의 業庭曾에게 매도하는 계약서를 작성하여 業庭曾, 庭祥 형제 2인의 명의로 관리하게 한다. 대면하여 白銀 4錢을 정확히 받았다. 해당 산지를 매도하기 이전 가족친지와 외부인에게 중복하여 매매한 사실이 없으며, 내력이 불분명한 부분이 있으면 모두 매도인이 책임을 지며 매수인과는 관련이 없다. 쌍방이 거래한 이후에는 후회하지 말아야 하며 먼저 후회하는 쪽이 벌금을 내야한다. 증빙이 없을까 우려되어 이 계약서를 작성하여 증빙으로 삼는다.

홍치 9년 3월 초8일 작성자 洪永興(서명)

대필인 洪祉(서명)

洪永興은 사용할 자금이 없어, 자신이 다른 사람에게서 매수한 산지를 매매하고 있다. 토지명과 사방의 경계를 명시하고 산지에 포함된 각종 나무 등을 산지와 함께 매매한다고 기록하였다. 본 매매 이전의 중복 매매 등과 관련해서는 매도인 자신이 책임진다는 사항도 기록하고 계약파기를 하는 쪽의 벌금액수도 명시하였다.

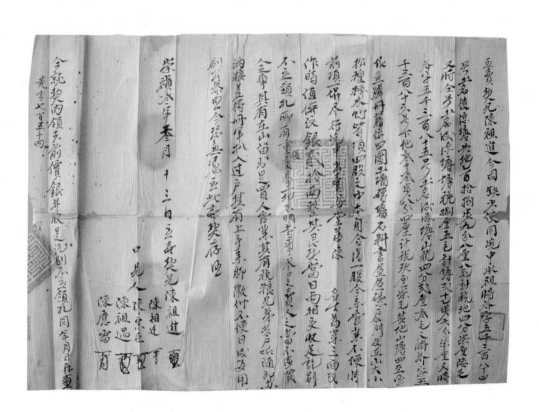

立賣契兄陳祖進, 今因缺少使用, 憑中承祖將芥字五千三百八十四號, 土名后源塘, 共地乙百拾捌步九分八厘八毛, 計稅地四分柒厘陸毛；又將同號土名后源塘, 塘稅捌厘五毛, 計塘二十一步柒厘；又將芥字五千三百八十五號, 土名后源塘山稅四分貳厘叄毛；又將芥字五千三百八十六號, 下地叄十叄步四厘, 計稅玖厘柒毛。其地山塘四至, 照依魚鱗冊籍, 并四圍土墻磚墻石料書屋屋礎戶門, 及在山大小松種楓木竹等項, 四股之中本身合得一股, 今來管業不便, 將前項一併盡行憑中出賣與堂弟陳名下為業, 三面議作, 時值價紋銀貳拾兩整, 其銀當日兩相交收足訖, 別不立領孔, 所有重複交易, 一切不明等事, 盡是賣人之當, 不涉買人之事, 其有在山苗, 盡是買人管業, 其有稅糧兄弟共戶, 聽隨即辦納糧差, 得冊軍扒入過戶, 其有上手來腳, 繳付不便, 日後要用, 刷出參照。今恐無憑, 立此賣契存照。

崇禎叄年叄月十三日立賣契兄　陳祖進(押)
中見人　陳祖遷(押)、陳宗臣(押)、陳祖遇(押)、陳應雷(押)
今就契內領去前價銀并收足訖, 別不立領孔, 同年月日再批, 荒字七百五十四。

매매계약서를 작성한 陳祖進은, 현재 쓸 자금이 부족하여 중개 하에 芥字 5384호, 즉 後源塘이라고 하는 총 218步 9分 8厘 8毛의 토지, 計稅地로는 4分 7厘 6毛인 토지를 팔았다. 또한 같은 號의 後源塘이라고 하는 곳으로 塘稅 8厘 5毛, 計塘 21步 7厘인 곳을 팔았다. 또한 같은 號의 後源塘이라고 하는 곳으로 塘稅 8厘 5毛, 計塘 21步 7厘인 곳을 팔았다. 또한 芥字 5384號, 즉 後源塘이라고 하는 곳으로 山稅 4分 2厘 3毛을 팔았다. 또한 芥字 5386號로 下地 33步 4厘, 計稅 9厘

7毛인 곳을 팔았다. 해당 토지, 山, 塘의 경계는, 魚鱗冊에 기재된 것에 따른다. 또한 사방을 둘러싸고 있는 토담, 석재로 지은 書屋, 屋礎, 戶門 및 산의 크고 작은 소나무, 단풍나무 등의 항목은, 4분 중 본인이 받아야 할 몫이 1분인데 앞으로 관리하지 않고 모두 堂弟 陳의 명의에 팔아서 관리하도록 한다. 세 당사자가 만나서 의논하여 시가를 紋銀 20량으로 하였고 대금은 당일에 모두 수령하였으니 다 받지 못했다고 딴 소리 해서는 안 된다. 중복해서 매매한 일 등 내력이 불명확한 것은 모두 매도인의 책임이고 매수인과는 상관없다. 해당 토지에 있는 모든 것은 매수인이 관리하고 세량이 있으면 형제가 함께 하여 사무를 처리하도록 하나 鐵柵軍의 사무는 매수인에게 명의를 이전하여 처리하도록 한다. 해당 계약서는 교부하기에 적당하지 않으니 후에 필요하면 인쇄하여 참조하도록 한다. 현재 증빙이 없을까 우려되어 이 매매계약서를 작성하여 증명서로 보존한다.

숭정 3년 3월 12일 매매계약서 작성자　陳祖進(서명)
증인　陳祖遷(서명)、陳宗臣(서명)、陳祖遇(서명)、陳應雷(서명)

**해설**

　　산지를 매매한 홍계이다. 陳祖進은 쓸 돈이 부족하여 중개인의 중개 하에 산지 여러 필지를 매매하였다. 토지명과 면적, 일련번호, 사방의 경계, 산지에 딸린 나무와 여러 시설물 등의 항목을 구체적으로 명시하였다. 또한 가격, 매매이전의 사항들에 대한 책임범위와 함께 세금납부의 이전도 명시하였다.

## 3) 택지 매매 계약서

## 41 명 성화 2년 王道志 택지와 가옥 매매 계약서

안휘성, 1466

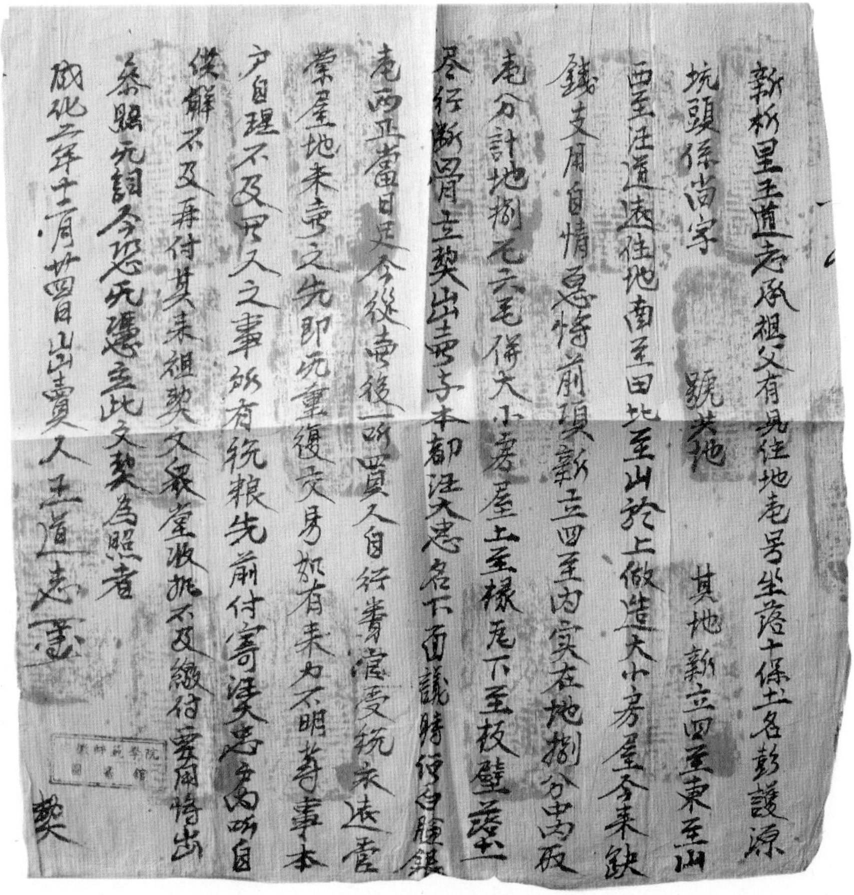

新析里王道志承祖父有見住地壱号坐落十保土名彭護源
坑頭係[illegible]字 號共地 其地新立四至東至山
西至汪道遠住地南至田北至山於上做造大小房屋今来缺
錢支用自情愿将前項新立四至内実在地捌分中内取
壱分計地捌毛六毛併大小房屋上至椽瓦下至板壁[illegible]
尽行断骨立契出賣与本都汪大忠名下面議時價白銀
壱両五[illegible]當日足今從賣後一所買人自行[illegible]管受税永遠[illegible]
業屋地未賣之先即无重復交易如有来力不明等事本
户自理不及買人之事所有税粮先前付寄汪大忠户内收自
從解不及再付其来祖契又[illegible]收执不及繳付要用将出
参照无詞今恐无憑立此文契為照者
成化二年十二月廿四日出賣人王道志（押）
契

新析里王道志承祖父有見住地壹號, 坐落十保土名彭護源坑頭, 系尚字　號, 共地。其地新立四至, 東至山, 西至汪道遠住地, 南至田, 北至山, 于上做造大小房屋。今來缺錢支用, 自情願將前項新立四至內實在地捌分中內取壹分, 計地捌厘六毛, 并大小房屋, 上至椽瓦, 下至壁葬土, 盡行斷骨立契出賣與本都汪大忠名下, 面議時價白臉銀壹兩正, 當日足。今從賣后, 一聽買人自行業官受稅, 永遠管業, 屋地未賣之先, 即無重複交易, 如有來力[歷]不明等事, 本戶自理, 不及買人之事, 所有稅糧, 先前付寄汪大忠戶內, 聽自供解, 不及再付, 其來祖契文眾堂收執, 不及繳付, 要用將出參照無詞。今恐無憑, 立此文契為照者。

成化二年十二月二十四日出賣人　王道志(押)

新析裏의 王道志는 祖父로부터 현 거주지 1필지를 물려받았다. 해당 토지는 10保에 위치하며 彭護源坑頭라고 하고 尚字 o號로 모두 oo이다. 해당 토지는 경계를 새로 정하였는데, 동으로는 산, 서로는 汪道遠의 거주지, 남으로는 농지, 북으로는 산에 이른다. 크고 작은 가옥이 딸려 있다. 지금 쓸 자금이 부족하여 스스로 원하여 이 항목 토지의 새로 정한 경계 내에서 8분의 1인 토지 8厘 6毛와 크고 작은 가옥으로 위로는 椽瓦에 이르고 아래로는 壁葬土에 이르는 가옥을 모두 같은 都의 汪大忠에게 매도하였다. 만나서 의논하여 시가를 白臉銀 1량으로 하였고 계약 당일에 이를 모두 수령하였다. 매매 이후 매수인은 자신이 관에 세금을 납부하고 해당 자산을 영원히 관리한다. 해당 자산이 팔리기 전에 중복 매매는 없었으나 만약 내력에 불분명한 부분이 있다면 본 호가 책임지도록 하며 매수인은 이와 관련이 없다. 모든 세량은 汪大忠의 戶에 미리 넘겨서 그쪽에서 알아서 내도록 하고 다시 지급하지 않았다. 이 계약서는 중당에서 거두어 보관하여 교부하지 않았고 필요할 때 꺼내어 참조하도록 하였다. 지금 증거가 없을까 우려되어 이 계약서를 작성하여 증빙으로 삼는다.

성화 2년 12월 24일 매도인   王道志(서명)

**해설**

택지와 이에 딸린 가옥을 절매한 홍계이다. 조상으로부터 물려받은 택지의 위치와 일련번호, 사방의 경계, 가옥을 설명하고 전체 택지 중 8분의 1과 이에 딸린 가옥을 매매한다는 내용이다. 이후의 세금은 매수인이 납부하며, 매도 이전의 불분명한 사항은 매도인이 책임진다는 조항도 명시하였다.

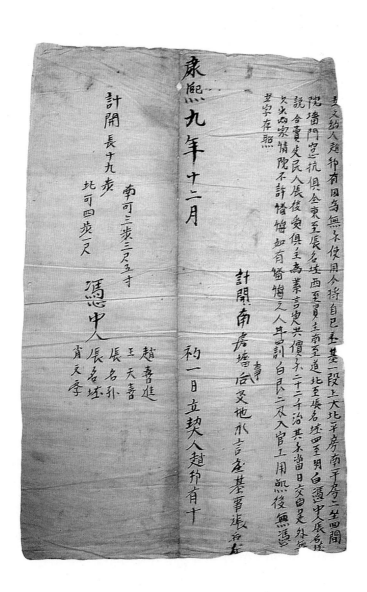

立文約人趙邦有, 因為無錢使用, 今將自己莊基一段, 上大北平房, 南平房二坐四間, 院墻門窓抗俱全, 東至張名□, 西至買主, 南至道, 北至張名□, 四至明白, 憑中人張名□說合, 賣□張後受俱主為業, 言定共價錢二十二千治, 其錢當日交足, 外無欠少。兩家情院, 不許翻悔, 如有翻悔之人, 甘罰白艮二兩入官工用。恐後無憑, 立字存照。

計開南房□事後□地水言莊基事張名左
康熙九年十二月初一日立契人　趙邦有(十字押)
趙喜進
南可三步三尺五寸　王天喜
計開長十九步　張名□
北可四步一尺　憑中人　張名□
肖文孝

趙邦有는 사용할 돈이 없어 자기의 한 필지 택지와 이에 딸린 北平房, 南平房 2채의 4間 ― 건물의 담장, 문, 창문은 모두 완전하다. 동쪽은 張名□(의 땅)에 서쪽은 매수인(의 땅)에 남쪽은 도로에 북쪽은 張名□(의 땅)에 이른다. 사방의 경계가 모두 분명하다 ― 을 중개인 張名□의 조정을 통해 張後受에게 매도하여 거주하는 동시에 자신의 산업으로 삼도록 한다. 대금은 22,000文으로 상의하여 정하였고 계약 당일에 지급을 완료하여 부족분이 없도록 하였다. 양측이 모두 마음으로 원하였으니 돌이키려 해서는 안 된다. 만약 어떤 사람이 후회하게 되면 벌금으로 白銀 2량을 관청에 납부하여 工用하는 것을 감수한다. 이후에 증빙이 없을 것을 우려하여 이 서면계약서를 작성하여 이후의 증거로 삼는다.

강희 9년 12월 초1일 계약서 작성자　趙邦有(십자서명)
남쪽은 3步 3尺 5寸
길이 19步 張名□
북쪽은 4步 1尺
중개인은 趙喜進、王天喜、張名□、肖文孝이다.

　택지와 가옥을 매매한 백계이다. 택지의 경계와 가옥의 현재 상태, 매매가격을
명시하였다. 계약파기시의 벌금액수도 명시하였다

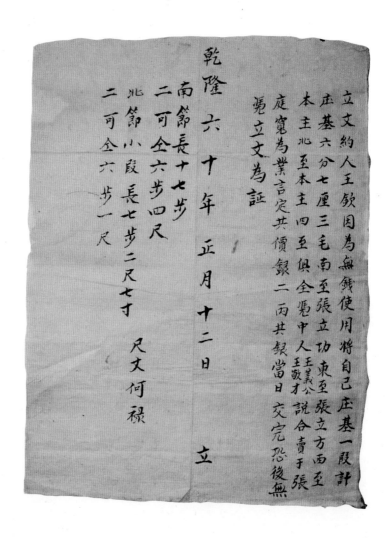

立文約人王欽因為無錢使用將自己庄基一段計
庄基六分七厘三毛南至張立功東至
本主北至本主四至俱全憑中人王義公
庭寬為業言定共價銀二兩共銀當日交完恐後無
憑立文為証

乾隆六十年　正月十二日　立

南節長十七步
二可仝六步四尺
北節小叚長七步二尺七寸
二可仝六步一尺

尺文何禄

立文約人王欽, 因為無錢使用, 將自己莊基一段, 計莊基六分七厘三毛, 南至張
立功, 東至張立方, 西至本主, 北至本主, 四至俱全, 憑中人王義公王敬才說合,
賣於張庭寬為業, 言定共價銀二兩, 其銀當日交完。恐後無憑, 立文為証。
乾隆六十年正月十二日立

南節長十七步
二可全 六步四尺
此節小段長七步二尺七寸 二可全 六步一尺
尺丈何禄

건륭 60년 정월 12일 王欽은 사용할 돈이 없어서 자신의 택지 한 필지ー모두 계
산하면 6分 7厘 3毫, 남쪽은 張立功(의 땅)에, 동쪽은 張立方(의 땅)에, 서쪽은 자
신(의 땅)에, 북쪽도 자신(의 땅)에 이른다. 사방의 경계는 매우 분명하다ー를 중
개인 王義公, 王敬才의 조정을 통해 張庭寬에게 매도하여 산업으로 삼도록 하였
다. 가격은 銀子 2량으로 상의하여 정하였고 계약 당일에 지급을 완료하였다. 이후
증빙이 없을 것을 우려하여 이 계약서를 작성하여 증거로 삼는다.
건륭 60년 정월 12일 작성

남쪽 길이 17步
양쪽이 같고 6步 4尺
작은 필지의 길이 7步 2尺 7寸
양쪽이 같고 6步 1尺
측량인 何禄

택지를 매매한 백계이다. 매매의 이유, 토지면적, 사방의 경계 등 기본적인 사항을 기록하였다. 가격과 지불완료, 중개인의 성명 등을 명시하였다. 측량인의 성명과 실측 수치도 기록하였다.

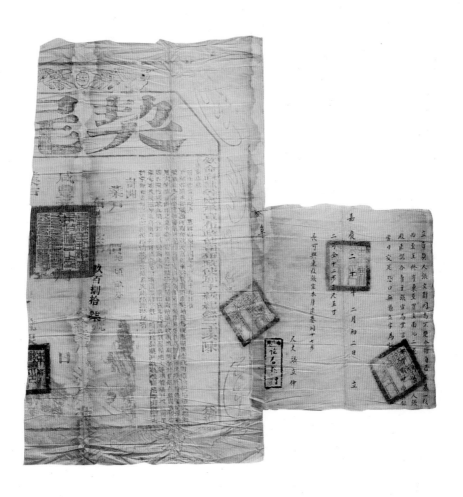

立賣契人張文蔚, 因為不便, 今將自己莊基一段, 西至王修亨, 東至買主, 南北二至頂頭, 憑中人張殿臣說合, 賣於張宣為業, 言定共價銀肆兩, 其銀當日交足。恐口無憑, 立字為証。

嘉慶二十年二月初二日立
二可仝 十二步三尺五寸
長可與東段張宣本身莊基同 十七步
尺丈 張立仲

가경 20년 2월 2일 張文蔚는 생활이 곤궁하여 자신의 택지 한 필지 ― 서쪽은 王修亨(의 땅)에, 동쪽은 매수인(의 땅)에, 남쪽과 북쪽은 모두 頂頭에 이른다 ― 를 중개인 張殿臣의 조정을 통해 張宣에게 매도하여 산업으로 삼도록 하였다. 상의하여 확정한 대금은 은자 4兩이며 당일에 모두 지불하였다. 이후 증빙이 없을 것을 우려하여 이 서면계약서를 작성하여 이후의 증거로 삼는다.

가경 20년 2월 초2일 작성
양쪽 모두 12 步 3尺 5寸이다.
길이는 동쪽의 張宣 본인의 택지와 같이 17步이다.
측량을 책임진 尺丈은 張立仲이다.

이 계약의 좌측에는 契尾가 붙어 있어 二連契가 되었다. 그 위에는 모두 6枚의 인장이 있으며 그 중 4枚는 붉은 색 정사각형 인장으로, (인장의) 우측에는 한문 전서, 좌측에는 만문 전서가 있고 그 내용은 모두 "束鹿縣印"이다. 그 외 비교적 큰 붉은 색 정사각형 인장은 내용을 읽을 수 없다. 가장 마지막 1枚의 검은색 직사각형 인장은 내용을 판별할 수 없지만 그 위치가 尺丈을 한 사람 이름의 왼쪽에 있는 것에 근거해 보면 관방의 尺丈 신분을 증명하는 인장일 가능성이 크다.

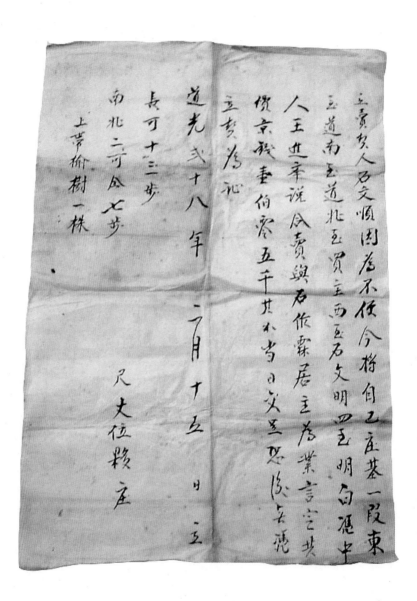

立賣契人石文順因居不便今將自己庄基一段東
至道南至道北至買主西至石文明四至明白憑中
人王進宰說合賣與石侭霖居主為業言定
價京錢壹佰零五千其京當日交足恐後無憑
立賣為証

道光弍十八年　二月十五日　比五

長可十三步

南北二可公七步

上帯楡樹一株

尺丈位賴庄

立賣契人石文順, 因為不便, 今將自己莊基一段, 東至道, 南至道, 北至買主, 西
至石文明, 四至明白, 憑中人王近孝說合, 賣與石作霖居主為業, 言定共價京錢
壹佰零五千, 其錢當日交足。恐後無憑, 立契為証。

道光弌十八年二月十五日立
長可十三步
南北二可仝 七步 尺丈位夥莊
上帶榆樹一株

石文順은 수중에 돈이 없어 자신의 택지 한 필지 一 동쪽은 도로에, 남쪽은 도로에,
북쪽은 매수인(의 땅)에, 서쪽은 石文明(의 땅)에 이른다. 사방의 경계는 매우 분명
하다 一 를 중개인 王近學의 조정을 통해 石作霖에게 매도하여 거주하고 더불어
산업으로 삼게 한다. 서로 상의하여 대금은 총합 105,000錢으로 하고 계약 당일에
모두 지불하였다. 이후에 증빙이 없을 것을 우려하여 이 서면계약을 작성함으로써
이후의 증거로 삼는다.

도광 28년 2월 15일 작성
길이 13步
남북 양쪽으 7步
尺丈은 位夥莊이다
땅 위에는 느릅나무 한 그루가 있다.

택지를 매매한 백계이다. 매매의 이유, 사방의 경계 등 기본적인 사항을 기록
하였다. 매매 가격과 지불완료, 중개인의 성명 등을 명시하였다. 측량인의 성명
과 실측 수치도 기록하였다.

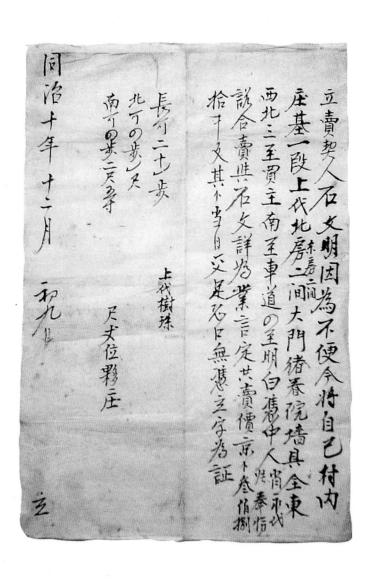

立賣契人石文明, 因為不便, 今將自己村內莊基一段, 上代北房二間、東房二間,
大門猪眷院墻具全, 東西北三至買主, 南至車道, 四至明白, 憑中人肖永代張奉
□說合, 賣與石文詳為業, 言定共賣價京錢叄佰捌拾千文, 其錢當日交足。恐口
無憑, 立字為証。

長可二十一步　上代樹珠
北可四步一尺
南可四步二尺五寸　尺丈位夥莊
同治十年十二月初九日立

동치 10년 12월 9일 石文明은 수중에 돈이 없어 마을 안에 있는 택지 한 필지
― 위쪽에 北房 2칸, 東房 2칸, 대문, 돼지우리, 담장을 모두 갖추고 있다. 동, 서,
북 3면은 매수인(의 땅)에 이르고 남쪽은 車道에 이른다. 사방의 경계는 매우 분명
하다 ― 를 중개인 張奉□, 肖永代의 조정을 통해 石文詳에게 매도하여 산업으로
삼도록 한다. 서로 상의하여 확정한 매매 가격은 京錢 380,000文이며 계약 당일에
모두 지불하였다. 이후 증빙이 없을 것을 우려하여 이 서면계약서를 작성하여 이후
의 증거로 삼는다.

길이 21步
북쪽은 4步 1尺
남쪽은 4步 2尺 5寸
측량인 位夥莊
동치 10년 12월 초9일 작성

택지를 매매한 백계이다. 매매의 이유, 택지에 대한 설명, 사방의 경계 등 기본적인 사항을 기록하였다. 매매 가격과 지불완료, 중개인의 성명 등을 명시하였다. 측량인의 성명과 실측 수치도 기록하였다.

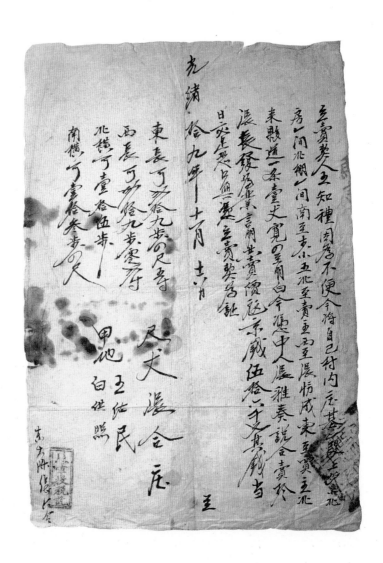

立賣契人王知禮, 因為不便, 今將自己村內莊基一段, 上代小北房一間、北棚一間, 南至李小五, 北至賣主, 西至張□成, 東至買主, 北來夥道一條壹丈寬, 四至明白, 今憑中人張雅奏說合, 賣於張長發為業, 言明共賣價□京錢伍拾六千文, 其錢當日交足。恐口無憑, 立賣契為証。

光緒拾九年十一月十六日立

東長可弍拾九步四尺五寸 尺丈 張合莊
西長可弍拾九步零弍寸
北橫可壹拾伍步 甲地 王佑民白供照
南橫可壹拾叁步四尺
東大陳張六令
此契約蓋有紅色官印(一半), 故為紅契。另有長方形紅色印章一枚, 內容為楷書"照章投稅訖"。

王知禮는 사정이 곤궁하여 마을 안에 있는 택지 한 필지 ─ 위쪽에는 작은 北房 1칸과 棚 1칸이 딸려 있고, 남쪽은 李小五(의 땅)에, 북쪽은 매도인(의 땅)에, 서쪽은 張□成(의 땅)에, 동쪽은 매수인(의 땅) 이른다. 북쪽에는 공동으로 소유하는 도로가 있는데 그 폭은 1장이다. 사방의 경계는 모두 명확하다 ─ 를 중개인 張雅奏의 조정을 통해 張長發에게 매도하여 산업으로 삼도록 하였다. 상의하여 확정한 가격은 京錢 56,000文이고 계약 당일에 모두 지불하였다. 이후 증빙이 없을 것을 우려하여 이 서면계약서를 작성하여 이후의 증거로 삼는다.

광서 19년 11월 16일 작성

동쪽 길이 29步 4尺 5寸 측량인 張合莊
서쪽 길이 29步 2寸
북쪽 폭은 15步
남쪽 폭은 13步 4尺

**해설**

　택지를 매매한 백계이다. 매매의 이유, 위치, 택지에 대한 설명, 사방의 경계 등 기본적인 사항을 기록하였다. 매매 가격과 지불완료 등을 명시하였다. 측량인의 성명과 실측 수치도 기록하였다.

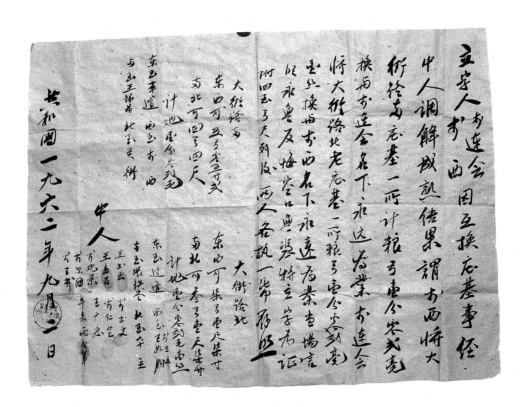

立字人李連會李 西, 因互換莊基事, 經中人調解成熟, 結果謂：李西將大街路南莊基一所, 計糧弓壹分零弍毫, 換與李連會名下, 永遠爲業。李連會將大街路北老莊基一所, 糧弓壹分零弍毫壹絲, 換與李西名下, 永遠爲業。當場言明, 永無反悔, 空口無憑, 特立字爲証。附四至弓尺列後, 兩人各執一咶存照。

大街路南

東西可五弓零五寸弍

南北可四弓四尺

計地壹分零弍毛

東至車道　西至李西

南至王錫爲　北至頭街

大街路北

東西可柒弓壹尺柒寸

南北可叄弓壹尺柒寸

計地壹分零弍毛壹絲

東至過道　西至李三井王如朋

南至張鐵堂　北至本主

王書雲(手印)、李書文(手印)、王傑昌(手印)、李仁芝(手印)

中人　李觀景(手印)、王廣度、李爾國(手印)、

　　　牛來雨　代筆(手印)、李三井(手印)

共和國一九六二年九月二日

李連會와 李西는 서로 택지를 교환한다. 중개인의 조정을 통해 잘 합의되었고 그

결과는 다음과 같다. 李西는 大街路 남쪽의 택지 한 필지, 2弓 1分 2毫(糧弓壹分零弍毫)를 李連會의 명의 아래로 넘겨 영원한 산업으로 삼게 한다. 李連會는 大街路 북쪽의 택지 한 필지 2弓 1分 2毫 1絲(糧弓壹分零弍毫壹絲)을 李西의 명의 아래로 넘겨 영원한 산업으로 삼게 한다. 계약 현장에서 명백하게 이야기가 되었으니 영원히 돌이키려 해서는 안 된다. 구두로는 증빙이 부족할까 우려하여 서면계약서를 작성하여 이후에 증거로 삼는다. 뒷면에는 경계와 측량수치를 덧붙였다. 두 사람이 각각 한 장씩 가져 증거로 삼는다.

大街路의 남쪽
東西로는 대략 5弓 5寸 2
南北으로는 대략 4弓 4尺
땅(의 넓이)을 계산하면 1分 2毛이다.
동쪽은 車道에 면해 있고 서쪽은 李西(의 땅에) 닿아 있다.
남쪽은 王錫為(의 땅에) 닿아 있고 북쪽 면은 거리에 닿아 있다.

大街路의 북쪽
東西로는 대략 7弓 1尺 7寸
南北으로는 대략 3弓 1尺 7寸
땅(의 넓이)을 계산하면 1分 2毛 1絲이다.
동쪽은 도로에 서쪽은 李三井과 王如月(의 땅)에
남쪽은 張鐵堂(의 땅)에 북쪽은 본인(의 땅)에 이른다.
王書雲(지장)、李書文(지장)、王傑昌(지장)、李仁芝(지장)
중개인　李觀景(지장)、王廣度、李爾國(지장)、
　　　　牛來雨 대필(지장)、李三井(지장)

　이것은 전형적인 교환계약서로 전통사회에서는 물건을 다른 물건과 교환하는 것을 博, 易, 博易, 博取, 交易 등으로 칭하였다. 여기에서의 개념은 모두 좁은 의미로 사용한 것이며 만약 넓은 의미에서 말하자면 交易 역시 매매의 의미를 가지고 있다. 만약 賣買와 博易을 서로 구분한다면 錢, 絹, 帛, 粟 등 모종의 매개물을 가지고 교역을 진행하는 것을 매매라 한다면 같은 종류의 물건을 가지고 교환한다면 그것은 바로 互易이다. 하북성에서는 토지의 賣買와 互易은 모두 문서의 뒷면에 해당 토지의 측량 후 수치를 분명하게 적음으로써 토지의 크기를 설명한다. 어떤 경우는 계약서 내에 사방의 경계조차 밝혀져 있지 않아서 계약서의 내용이 완성된 다음에 추가하여 열거하였는데 이 문서가 바로 그런 사례이다.

# 4) 가옥 매매 계약서

## 49 청 건륭 26년 崔窮交 가옥 매매 계약서

산서성, 1761

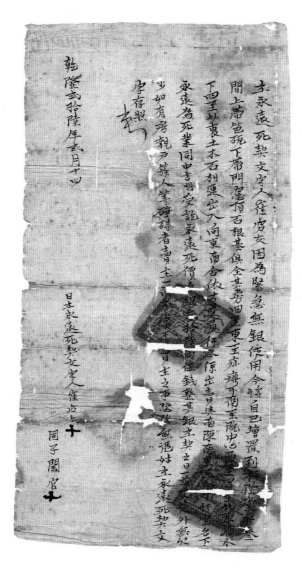

立永遠死契文字人崔窮交, 因為緊急無銀使用, 令將自己增置到本院堂房叁間,
上帶笆瓦下帶門窗, 頂石根基俱全。其房四至, 東至下疝□, 南至院中心, 西至
買主, 北至滴水下, 四至以裏土木石相連, 出入向東南, 合依古道通行。盡係出
賣與南陳西里民人□懷寶名下永遠為死業。同中言明, 受訖永遠死價白銀叁拾
陸兩五錢整, 其銀立契之日一並交足, 外無欠少。如有房親戶族人等爭碍者, 賣
主一面承當, 不幹買主之事。恐後無憑, 姑立永遠死契文字存照。

乾隆式拾陸年弍月十四日立永遠死契文字人　崔窮交(十字押)

同子闖官(十字押)

崔窮交는 급하게 사용할 돈이 없어서 자신의 관리 하에 있는 本院 가운데의 가옥
3칸을 매매한다. 이 건물은 지붕의 기와가 모두 온전하고 문과 창문이 잘 달려 있
으며 가옥의 설비가 모두 갖춰져 있다. 사방의 경계 역시 모두 인계하며 동쪽은
下疝□, 남쪽은 本院 중심, 서쪽은 매수인의 집, 북쪽은 滴水下에 이른다. 사방의
경계 안에 있는 土石木은 모두 그 안에 있으며 동남쪽으로 출입하며 옛 길을 따라
서 통행한다. 이상에서 말한 가옥은 전부 南陳西里의 □懷寶에게 매도하여 영원히
그의 자산으로 삼도록 한다. 매매 가격은 백은 36량 5전으로 계약서 작성일에 모두
지급하며 미지급된 것은 없다. 만약 원래 (주인의) 친척 혹은 족인이 와서 시비를
일으키면 모두 매도인이 전적으로 감당하며 매수인과는 무관하다. 이후에 증빙이
없을 것을 우려하여 영원한 절매계약서를 작성하여 문서로 근거를 남긴다.

건륭 26년 2월 14일 절매계약서 작성자　崔窮交(십자서명)

아들 闖官(십자서명)

　이 계약서는 가옥을 매매한 홍계이다. 崔窮乭는 사용할 돈이 없어서 자신의 가옥 3칸을 매매하였다. 이후 분쟁이 발생하는 것을 차단하기 위해 매도인의 친척 등이 소란을 일으키며 소유권을 주장하는 상황이 발생하면 이는 매도인이 책임져야 하며 매수인과는 관계없는 일이라는 것을 명시하고 있다.

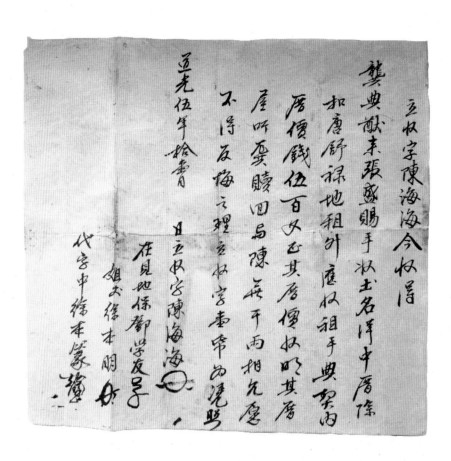

立收字陳海海, 今收得龔典 猷来張盛賜手收, 土名洋中厝, 除扣唐舒禄地租外,
應收祖手典契內厝價錢伍百文正。 其厝價收明。 其厝産聽龔贖回, 與陳無干。
兩相允願, 不得反悔之理。 立收字一紙为憑照。
道光五年十一月日立收字陳海海(押)
在見地保　鄧學友(押)
姐丈　徐本明(押)
代字中　徐本篆(押)

계약서 작성자는 陳海海이다. 오늘 龔典猷이 넘긴(龔이 張盛賜의 수중에서 거둔)
가옥의 대금을 받았다. 가옥의 위치는 洋中厝에 있다. 唐舒禄(에게 납부할) 地租
를 제외하고 조부의 손으로 典當하고 얻은 해당 가옥의 계약가는 동전 500枚를 거
두어 들였다. 계약서에 있는 가옥의 대금을 거두는 계약서를 작성한 사람인 陳海
海가 직접 거두어 채워 1푼, 1문도 부족하지 않다. 이 가옥은 현재 龔氏가 회속하
였으므로 가옥의 사정과 관련해서 陳海海는 더 이상 아무 상관이 없다. 이번 거래
는 쌍방이 모두 서로 원한다는 전제 아래 이뤄진 것이므로 쌍방은 모두 후회할 도
리가 없다. 收字契約 1장을 작성하여 이후의 증거로 삼는다.

도광 5년 11월 일 收字계약 작성자　陳海海(서명)
참관 증인이자 本地의 保長　鄧學友(서명)
참관 증인 매부　徐本明(서명)
대필인 겸 중개인　徐本鏸(서명)

龔氏는 일찍이 가옥을 陳海海의 조부에게 전당잡혔고 그 때 가치로 典價는 500文 이었다. 도광 5년 11월 龔典猷은 典價를 모았고 더불어 唐舒祿의 地租를 깔끔하게 납부하였다. 陳海海가 厝價를 확실하게 받은 다음 이 가옥은 龔氏가 속환하여 陳海海와는 더 이상 아무런 관계도 없게 되었다. 계약서 상의 "厝"이란 복건의 방언으로 그 뜻은 가옥이다.

## 51 청 동치 6년 張正海 가옥 매매 계약서

강서성, 1867

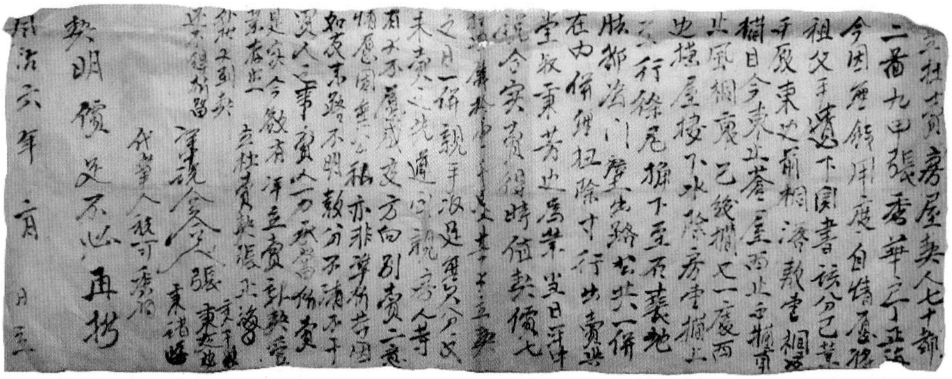

立杜賣房屋契人七十都二圖九甲張秀華戶丁正海, 今因無錢用度, 自情願將祖
父手遺下關書該分已業手□。東邊前桐□敄壹間及間目。今東止蒼屋, 西止□
□, 南止風桐裏已絞間。又一處西邊□屋樓下水除房一間, 上至條尼角, 下至石
喪地腳。□爲門壁出路公共一並在內, 並無扭除寸行。出賣與堂叔秉芳邊爲業,
當日憑中稅合實賣得時值契價七扣典錢壹千文正。 其錢立契之日一並親手收
足, 無欠分文。未賣之先, 遍問親房人等, 有錢不願成交。方向別賣。二意情願,
固無公私, 亦非准折等因。如友來路不明, 鼓分不清, 不幹買人之事。賣人一力
承當。所賣是實。今欲有憑, 立賣契管業存照。

立杜賣契張正海(押)
[外批]錢到契還, 不得析留
憑中說合人　張秉幹(押)、秉友(押)、秉□(押)
代筆人　祝可秀(押)
外批 : 契明債足, 不必再批
同治六年二月日立

貴溪縣의 張正海는 집안에 쓸 돈이 없어서 스스로 원하여 조부로부터 분가 시에
받은 가옥 1칸, 주방 1칸, 즉 위쪽으로 가옥 꼭대기의 橫木에 이르고, 아래쪽으로
는 기둥 아래의 돌에 이르는 곳을 당숙 張秉芳에게 팔고 그의 산업으로 삼도록 하
였다. 중개인의 소개를 통해 쌍방이 논의하여 가격을 七扣典錢 11,000文으로 정하
였다. 매매 대금은 당일에 매도인이 직접 수령하였으며 1文도 빠지지 않고 다 받았
다. 매매 전에 친족과 가족들에게 문의하였으나 그들은 돈이 있어서 해당 자산의

구매를 원하지 않았다. 이러한 상황에서 張正海는 다른 사람에게 해당 자산을 팔게 되었다. 이번 매매는 쌍방이 원한 것이며 그 중에 어떠한 강요도 없었으며 공공의 자산을 몰래 판 행위도 없었다. 만약 기타 내력이 불분명한 사람이 간섭하는 일이 있으면 매도인이 모두 책임진다. 쌍방의 매매는 진실되고 믿을 만하다. 이후에 분쟁 발생이 우려되어 이 계약서를 작성하여 증빙으로 삼는다.

첨언: 대금을 받으면 계약서를 반환한다.
중개인  張秉幹(서명)、秉友(서명)、秉□(서명)
대필인  祝可秀(서명)
동치 6년 2월 일 작성

해설

이는 절매 계약으로 보이지만, 실제로는 저당 잡힌 가옥의 매매 문서이다. 토지와 가옥 매매 형식은 그 내용이 복잡하고 방식도 다양하였다.

본 계약의 첫머리에는 매매의 성격을 보여주는 "杜賣"라는 글자가 적혀있어 이것이 절매 계약임을 드러낸다. 그러나 계약 문서의 말미에는 첨언의 형식으로 "錢到契還, 不得析留"라는 여덟 글자가 적혀있다. 그 의미는 약정된 기한이 되면 매도인은 대금을 매수인에게 지급하며 동시에 매수인은 계약에 따라 해당 자산을 매도인에게 돌려준다는 것이다. 매수인이 핑계를 대며 이를 거절할 수 없기 때문에 이것은 실제로는 "杜賣"를 活賣로 바꾼 것이라고 할 수 있다. 이 때문에 이 매매의 과정은 활매에 해당한다. 본 계약서 상에서는 杜賣라고 하였지만 실제로는 活賣인 것이다.

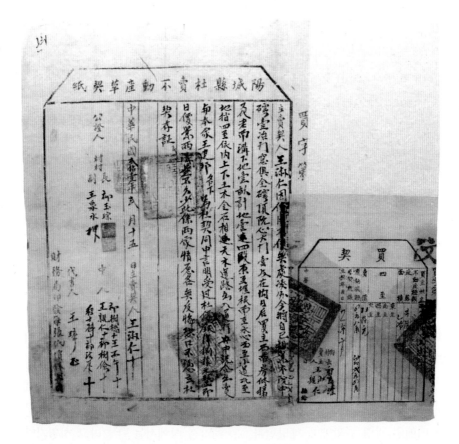

## 陽城縣杜賣不動產草契紙

立賣契人王澍仁因停用不便 兼處湊辦 今將自己祖業本院 中豐堂洁門窓俱全 磚頂院心大門 喜及在內 日後賣主西南房修口又代老兩溝下地一畝 計地一連四段。東至墻根 南至水心 西至小道 北至地梗 四至依內上下 土末金石相連天水道路出入通行 央今說合 出賣與本家王建邦名下為杜契同中言明 受過江價銀洋捌拾元整 即日價業兩清 無不欠少 此係兩家情願 各無反悔 恐口不憑 立杜契存證

中華民國式拾臺年式月十五日　立賣契人　王澍仁(十)

公証人　村村長　郭玉瑝

副 王泉水(押)　中人　王親仁(十)郭樹俸(十)

郭樹橋(十)王兩午(十)

---

## 契　　　買

買字第壹玖貳號　完稅七元貳角

|  |  |
| --- | --- |
| 買主姓名 | 王建邦 |
| 不動產種類 | 磘 |
| 座落 | 本院 |
| 圍積 | 乙冶 |
| 賣價 | 八拾元 |
| 四至 | 東 南 西 北 |
| 原契張數 | |
| 應納稅額 | 四元八角　付加式元四角 |
| 立契年月日 | 廿一年二月 |

中華民國 廿一 年五 月 日 縣給

街　村長 郭惠琮　賣主 淑

매매계약서를 작성한 王淑仁은 생활에 불편함이 있는데 돈을 마련할 데가 없어서 지금 자신의 祖業인 本家院 중의 窯 1冶를 팔려한다. 이곳은 문과 창이 모두 완전하며 窯頂院心大門 하나도 여기에 포함된다. 이후에 매수인이 고쳐서 낡은 것을 대체할 수 있다. 또한 代老南溝 下地 1畝는 경계가 동쪽으로 堰根, 남쪽으로 水心, 서쪽으로 小道, 북쪽으로 地稍에 이른다. 경계 내의 土木金石은 토지에 부속된다. 天水道路로 출입하고 통행한다. 중개인을 청하여 논의하여 본가 王建邦에게 매도하고 절매계약서를 작성하였다. 중개인과 함께 언명하길, 판매대금으로 大洋 80元을 받았다. 당일에 대금 지불과 양도가 분명하게 이루어졌으며 부족함이 없었다. 이는 두 집안이 원한 것이니 각기 후회함이 없다. 말만으로는 증빙이 없게 되니 절매계약서를 작성하여 증빙으로 보존한다.

중화민국 21년 2월 15일 작성
매매계약서 작성인　王淑仁
공증인　촌장 郭玉琮(인장), 부촌장 王泉水(서명)
대필인　王偉
財務局이 발행한 계지는 1장에 2角을 받는다.

　민국시기 가옥의 절매계약서로 관청이 발행하는 계지를 구매하여 계약서 내용을 기재하였다. 부동산에 대한 기본적 설명 이외에도 시설과 설비에 대한 구체적인 사항을 기록하였다.

# III
# 전당계약문서

# 1 전당계약의 관행

청대 민법 용어 중에서 "典"과 "賣"는 두 종류의 성질이 다른 거래이다.  민간 계약에서 볼 때, 典은 소유권의 이전을 요구하지 않는 반면 賣(活賣를 포함)는 소유권의 이전을 요구한다. 또한 典價는 최후에 絶賣하였을 때 총액 중에서 차지하는 비중이 活賣에 비해서 훨씬 작다. 이러한 종류의 차별이 있기 때문에 (양자를) 동일한 형태로 만들기 위해 만들어 진 것이 바로 加找, 혹은 找貼이지만 원래 소유주의 입장에서 보면 그 의미는 같지 않다. 그러므로 거래의 성격이라는 측면에서 볼 때 活賣는 매매의 한 종류이며 전당과는 다른  종류가 된다.

민간의 전당 관행 중에는 재산을 전당 잡힐 때는 반드시 이전에 원래 살 때 쓴 구 계약문서, 즉 老契를 전당 잡는 사람에게 주어서 검토하도록 하고 다만 전당을 잡힐 때  만약 다른 재산과 연계되어 있어 함께 내지 못했다면 賣斷을 할 때는 그대로 반드시 해당 老契 안에 어떤 곳의 어떤 재산에서 추출하여 어떤 해에 어떤 부분을 賣斷하였는지 등의 문구를 첨가해야 한다. 이러한 것들은 모두 민간의 부동산 거래 과정에서 재산의 내원과 전수과정이 중시되어 계약 과정에서 매도인의 거래행위의 담보인 동시에 거래가 정상적으로 진행되도록 보호하는 유효한 수단이라는 점을 반영한다.

원 소유주가 생활이 곤란하고 사용할 돈이 없기 때문에 그가 소유하고 있는 재산에 대해 전당을 진행하고 금전을 획득하여 생계를 유지하였다. 전당 계약에서 전당 잡히는 원인으로는 예외 없이 "생활에 필요한 돈이 부족해서(缺少银物生活)", "생활에 돈이 필요해서(当银生活)", "현재 쓸 수 있는 것이 없어서(今因乏用)" 등으로 모두 생활상의 곤궁함을 지목하고 있다. 그러나 보통 재산을 팔아서 더 많은 금전을 획득하려고 하지 않았다. 그래서 언제나 소유하고 있는 토지를 조금씩 전당잡혔으며 회속할 여력이 완전히 없어질 때에 이르러서야 재산을 완전히 처분하였다.

다음에서는 구체적인 전당계약문서들을 살펴보기로 하겠다.

### 1) 농지 전당 계약서

**53** 청 옹정 8년 조카 世懋와 숙부 顯進의 농지 전당 계약서 복건성, 1730

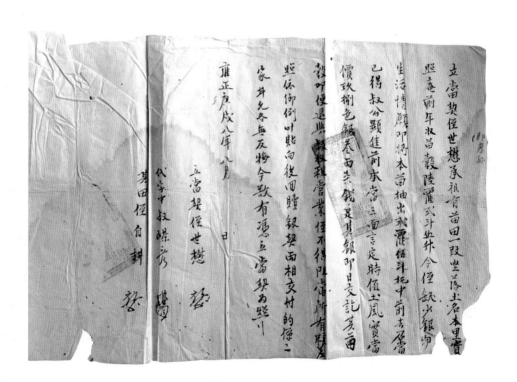

立當契侄世懋, 承祖有苗田一段。坐落土名本里寶照庵前, 年收苗穀六蘿二斗
五升。今侄缺少銀物生活, 情願即将本苗抽出二蘿五斗, 托中前去召當, 已得叔
公 顯進前承當。三面言定, 時值土風實當價九八色銀三兩七錢足(鈐印：南平
縣□駐□陽縣县□關防)。其銀即日交訖。其苗穀即便退與叔收租管業, 侄不得
阻當。所有糧差照依鄉例葉貼, 向後回贖, 銀契两相交付。的系二家甘允, 各無
反悔。今欲有憑, 立當契爲照。

雍正庚戌八年庚戌八月
立當契　侄世懋(押)
代字中　叔嵘彦(押)
[外批]其田侄自耕(押)
(鈐印：南平縣□駐□陽縣□關矢)

이 전당계약서를 작성한 사람은 조카인 世懋이다 그는 조상으로부터 물려 받은 民
田을 승계하여 가지고 있으며 이 民田의 위치는 그가 사는 마을의 寶照庵前이며
매년 6蘿2斗5升의 租를 거둔다. 현재 조카인 世懋 본인이 은량과 재물이 부족하여
자신의 생활을 유지하기 위해 苗穀 2蘿5斗에 전당이 진행되길 원하였고 중재인 한
사람을 청하여 협상을 진행하여 결국 숙부인 顯進에게 전당을 잡히고 그로 하여금
해당 토지에서 농사짓도록 하였다. 중재인의 협상을 통해 3자가 상의한 후 전당의
금액을 98色 백은 3兩 7錢으로 결정하였다. 대금은 계약 당일에 지불을 완료하였
다.(2蘿5斗의) 苗穀에 대해서는 숙부가 租額을 수납하고 해당 토지를 관리하니 조
카 世懋는 이를 방해할 수 없다. 해당 토지가 부담하여야 하는 세량과 차역 일체는

향리의 규정에 따라서 처리한다. 조카 世懋이 이후 해당 토지를 회속하고자 한다면 전당금액과 계약서를 동시에 돌려주어야 한다. 이번 거래는 쌍방이 동의하고 스스로 원하여 이뤄진 것이므로 쌍방은 각자 돌이키려고 해서는 안된다. 오늘 이후 증빙을 위하여 이 전당계약서를 작성하여 이후의 증거로 삼는다.

옹정 8년 8월
전당계약서 작성자  조카 世懋(서명)
대필인 겸 중재인  숙부 嶸彥(서명)
첨언: 이 토지는 조카 世懋가 스스로 경작한다.(서명)
(鈐印; 南平縣□駐□陽縣□關防)

해설

　숙부와 조카간에 이루어진 농지 전당 계약서이다. 전당금액과 대금의 지불, 전당 이후의 해당 토지의 관리와 세금납부 등에 관해 명시하였다. 또한 전당 이후에도 조카가 해당 토지에서 계속 농사를 짓는다는 단서를 첨부하였다.

　53호와 54호의  전당 계약서를 통하여 해당 토지가 전당 잡혔다가 매매되는(從典到賣) 단계적인 변화 과정을 확인할 수 있다.

청 옹정 8년 조카 世戀과 숙부 顯達의 농지 전당 계약서 복건성, 1730

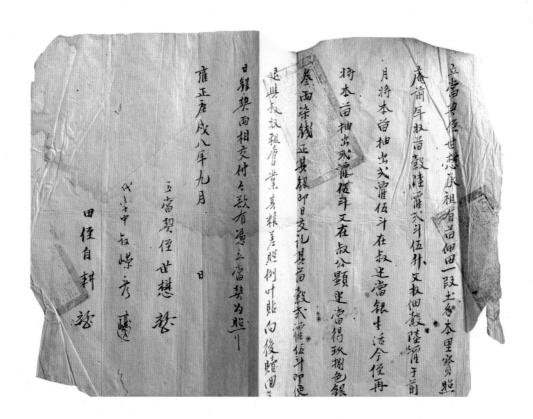

立當契侄世懋, 承祖有苗佃田(鈐印 : 南平縣□駐□陽縣□關防)一段。土名本里
寶照庵前, 年收苗穀六箩二斗五升, 又收佃穀六箩, 于前月将本苗抽出貳羅五
斗在叔邊當銀生活。今侄再将本苗抽出二箩五斗, 又在叔公顯達邊當得九八色
銀三兩七錢正(鈐印 : 南平縣□駐□陽縣□關防)。 其銀即日交訖。 其苗穀二箩
五斗即便退與叔收租管業, 其糧差照依葉貼。向後回贖之日, 銀契兩相交付。今
欲有憑, 立當契爲照。

雍正庚戌八年九月
立當契　侄世懋(押)
代字中　叔嵘彦(押)
田侄自耕(押)
(鈐印 : 南平縣□駐□陽縣□關防)

이 계약을 작성한 사람의 이름은 조카 世懋이다. 그는 조상이 물려준 苗田 한 필지
를 계승하여 소유하고 있다. 이 토지의 위치는 그가 사는 마을의 寶照庵前이며 해
당 토지에서는 매년 苗穀 6籮2斗5升과 田穀 6籮를 거둔다. 지난 달 苗谷 중에 2
籮5斗를 추출하여 숙부 쪽에게 이 몫의 토지를 전당 잡혀 금전을 얻어 생활을 유지
하였다. 지금 조카 世懋는 또 다시 苗穀 2籮5斗를 顯達이라는 다른 숙부에게 전당
잡혔으며 해당 토지를 전당 잡혀 얻은 은전은 3兩7錢이다. 이 계약은 당일에 바로
효력이 발효되며 대금과 산업 역시 모두 정확하게 주고받았다. 전당 잡힌 묘곡 2籮
5斗는 숙부에게 지급하여 그로 하여금 租額을 거두고 관할하도록 하며 해당 토지
에서 부담해야 하는 稅糧과 差役은 향리의 규정에 의거하여 처리한다. 이후에 해

당 토지를 속환할 때는 전당대금과 전당 계약서 두 가지를 동시에 돌려주어야 한다. 이제 이 전당 계약 백계를 작성하여 이후의 증거로 삼는다.

옹정 무술 8년 9월
전당계약서 작성자  조카 世懋(서명)
대필인  숙부 嶸彦(서명)
농지는 조카가 경작한다(서명)

해설

　숙부와 조카간에 이루어진 농지 전당 계약서이다. 전당금액과 대금의 지불, 전당 이후의 해당 토지의 관리와 세금납부 등에 관해 명시하였다.
　19번과 20번의  전당 계약서를 통하여 해당 토지가 전당 잡혔다가 매매되는 (從典到賣) 단계적인 변화 과정을 확인할 수 있다.

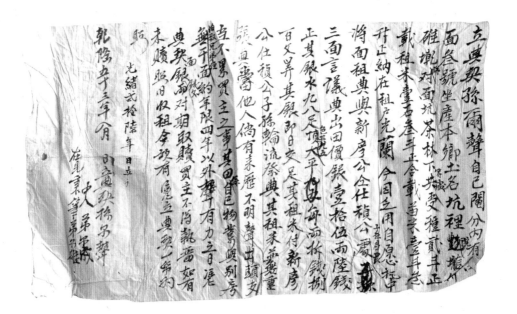

立典契孫爾聲, 自己鬮分內有□面三號, 坐產本鄉, 土名坑里院蕫□碓塥, 并對面坑茶林下等處, 共受種貳斗正, 載租米一石三斗正, 合載苗米一斗三升正, 納在租戶光蘭。 今因乏用, 自願托中将面租典與新彥公全仕禎公子孫房衆處。 三面言議, 典出田價銀壹拾伍兩六錢正。 其銀水九八足色, 其九五頂大平, 每兩拆[折]錢捌百文算。 其銀即日交足。 其租米付新彥公、仕禎公子孫輪流祭典。 其租米并無重張典當他人。 倘有來歷不明, 聲出頭支當, 不累買主之事。 其田系自己物業, 與別房伯叔兄弟侄無干, 面約年限四年。 以外聲有力之日, 憑典契銀兩對期取贖。 買主不得執留。 如有未贖, 照舊收租。 今欲有憑, 立典契一紙爲照。

光緒貳拾六年 日立
乾隆五十三年八月 日立典契孫爾聲(押)
中人 弟爾成(押)
在見兼筆 弟爾碓

이 전당 계약서를 작성한 사람의 이름은 孫爾聲으로 자신의 추첨 몫 안에 있는 3호 □面, 조상으로부터 나눠받은 농지 3필지를 가지고 있다. 해당 토지의 위치는 본 마을에 있으며 토지명은 院坑□碓塥, 그리고 반대편의 坑茶林下 등이다. 토지의 면적은 곡식 종자의 파종 수량으로 환산하면 모두 2斗를 파종할 수 있으며 이들 토지의 田租는 정확히 1石 3斗이다. 부세는 稻穀으로 환산하면 정확히 1斗 3升이다. 田租와 賦稅는 佃戶인 光蘭이 부담한다. 현재 孫爾聲은 사용할 금전이 없어 스스로 원하여 중재인과 이 토지에서 收租하는 사람을 특별히 청하여 상의하였고, 결국 이 토지의 경작권을 본 가문의 新彥公과 仕禎公의 이름 아래에 있는 자손들에게 전당 잡혀 그들의 산업으로 삼도록 하였다. 3자가 상의하고 조정하여 가격을 결정하였다. 해당 토지의 전당 가격은 은 15량 6전, 98색은, 백은 1량은 동전 800枚로 환산한다. 대금은 계약 당일에 지불을 완료하며 해당 토지에서 얻는 租米는 新彦公, 仕禎公의 자손에게 지급하여 교대로 제사 비용을 지출하도록 한다. 이후 다른 사람에게 전당을 잡혀서는 안 된다. 만약 토지의 유래나 경과가 분명하지 않아 분쟁이 일어나 해결되지 않는 상황이 발생하더라도 매수인과는 어떤 관계도 없다. 이 토지는 자기의 산업에 속하는 것으로 기타 叔·侄·兄·弟 등 가족 구성원과는 아무런 관계가 없다. 이 계약의 기한은 4년이며, 기한 이전이라도 토지를 회속할 수 있는 능력이 생기면 전당계약서와 대금을 함께 대조하여 규정의 기한에 의거하여 회속한다. 매수인은 토지를 (자신에게) 남기려고 고집을 부려서는 안 된다. 만약 이 토지의 매도인이 회속하지 못하면 이전에 규정한 收租 방식에 따라 집행한다. 현재 증빙을 남기고자 하여 전당 계약서 백계를 작성하여 이후의 증거로 삼는다.

광서 26년 일 작성
건륭 53년 8월 일 전당계약서 작성자 孫爾聲(서명)
중개인  동생 爾成(서명)
증인 겸 대필인  동생 爾碓

**해설**

　토지 전당 백계이다. 현 소유주가 생활이 곤란하고 사용할 돈이 없기 때문에 그가 소유하고 있는 토지에 대해 전당을 진행하고 금전을 획득하여 생계를 유지하였다.

　이 계약서에서 대상이 된 토지는 "자신의 추첨 몫 안에 있는 3호 □面"이다. 여기에서 "鬮"란 분가시에 얻은 것이라는 의미로 토지의 유래가 분가시 계승하여 얻은 것이라는 것을 보여준다. 동시에 해당 토지를 전당 잡은 사람들 역시 독립된 개인이 아니라 "新彦公과 仕禎公의 자손 집안들"로서 이는 新彦公과 仕禎公 이 두 집안의 자손들의 공공 재산이며, 거기서 나오는 租米의 용도 역시 新彦公 과 仕禎公의 자손들이 교대로 제사를 지내는 비용으로 한다는 것은 이 토지가 新彦公과 仕禎公의 祀田이라는 점을 보여준다. 祀田의 수확은 주로 선조에게 제사지내고 族人을 구제하는데 사용되었다.

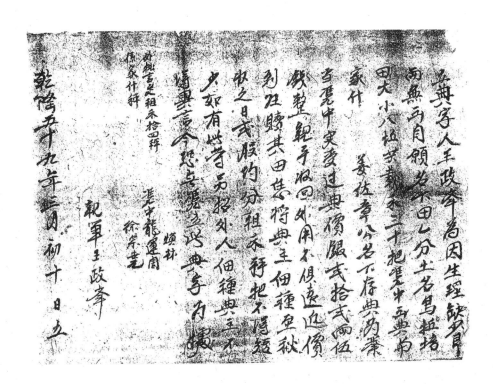

立典字人王政學因生理缺少銀兩無出。自願名下田一分, 土名烏圢培田大小八圢, 共載禾三十把, 憑中出典與家什姜佐章公名下存典爲業。當憑中實受過典價銀二十二兩五錢整, 親手收回處用, 不俱遠近, 價到歸贖。其田憑將典主佃種, 至秋收之日, 二股均分, 租禾□□, 不得短少。如有此等, 另招別人佃種, 典主不得異言, 今恐無憑, 立此典字爲據。

[外批] 言定租禾拾四秤, 系家什秤。

憑中　煥林、龍運周、徐光堯
親筆　王政學
乾隆五十九年三月初十日 立

王政學은 장사를 하려는데 자금이 부족하여 烏圢培라고 하는 토지 8圢, 禾 30把가 심어져 있는 곳을 家什寨의 姜佐章에게 전당을 잡혔다. 가격은 22량 5전이다. 동시에 다음을 의논하여 정하였다: 전당 가격은 변하지 않으며 이를 모두 갚으면 원 주인에게 돌려준다. 전당 잡힌 토지는 그대로 원 주인이 경작하고 추수 시에 수확량의 절반을 내며 부족함이 있어서는 안 된다. 만약 부족함이 있으면 다른 사람을 불러 소작을 주고 원 주인은 다른 소리를 해서는 안된다. 증빙이 없을 것을 우려하여 이 전당계약서를 작성하여 증거로 삼는다.

첨언: 구두로 租禾 14秤으로 정한다.
증인　煥林、龍運周、徐光堯
친필　王政學
건륭 59년 3월 초10일 작성

　농지 전당 백계이다. 王政學은 장사 자금이 부족하여 농지를 저당 잡혔으나 이후 다시 의논하여 소작권을 받아 해당 토지를 경작할 수 있었다. 다만 추수 후 수확량의 반을 내야 하였다. 그러나 첨언에서 다시 定額의 방식으로 바뀌었다. 대필이나 대서인 없이 王政學이 친필로 작성하였다는 점이 특이하다.

# 57 청 가경 19년 王修敬 농지 전당 계약서

하북성, 1814

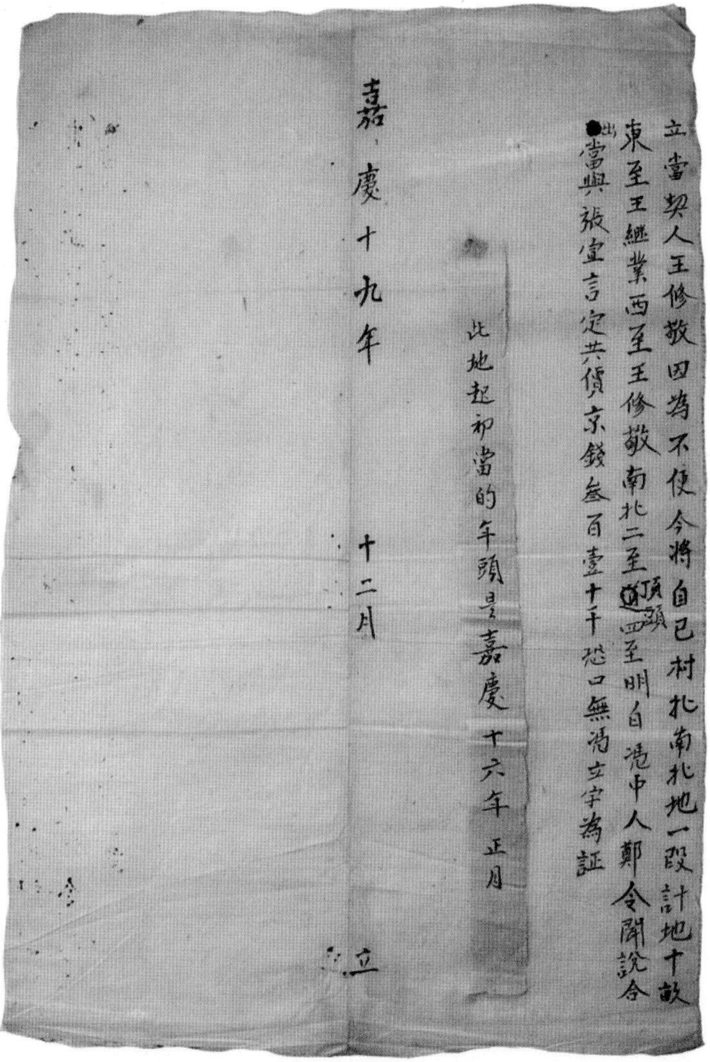

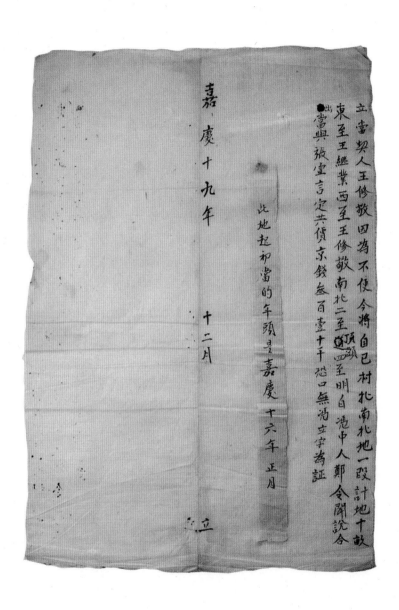

立當契人王修敬因為不便今將自己村北南北地一段計地十畝
東至王繼業西至王修敬南北二至頂頭四至明白憑中人鄭令開說合
出當與張宣言定共價京錢叁百壹十千恐口無憑立字為証
此地起初當的年頭是嘉慶十六年正月
嘉慶十九年十二月 立

立當契人王修敬, 因為不便, 今將自己村北南北地一段, 計地十畝, 東至王繼業,
西至王修敬, 南北二至頂頭, 四至明白, 憑中人鄭令聞說合, 出當與張宣, 言定
共價京錢叁百壹十千。恐口無憑, 立字為証。
(貼條) 此地起初當的年頭是嘉慶十六年正月
嘉慶十九年十二月立

전당계약서 작성자 王修敬은 불편함이 있어 마을의 北南北쪽의 1 필지, 10畝의 땅
— 동쪽은 王繼榮(의 땅에), 서쪽은 王修敬(의 땅에), 南北의 경계는 頂頭까지 닿
아 있다 — 을 중재인 鄭令聞을 통해 張宣에게 저당을 잡히고 대금으로 京錢
310,000전을 받았다. 이 토지의 동쪽의 경계는 王繼榮(의 땅에), 서쪽의 경계는 王
修敬(의 땅에), 남북의 경계는 모두 맞은편 지역까지 닿아 있다. 구두로만은 증빙
이 없을 것을 우려하여 계약서를 작성하여 증거로 삼는다.

(붙인 조항) 해당 토지의 전당은 가경 16년 정월부터 시작한다.
가경 19년 12월 작성

토지 전당 백계이다. 전당의 사유, 위치, 경계, 가격, 기한 등 기본적 사항을
기록하였다. 현 소유주가 불편한 점이 있어 소유하고 있는 토지에 대해 전당을
진행하고 금전을 획득하였다.

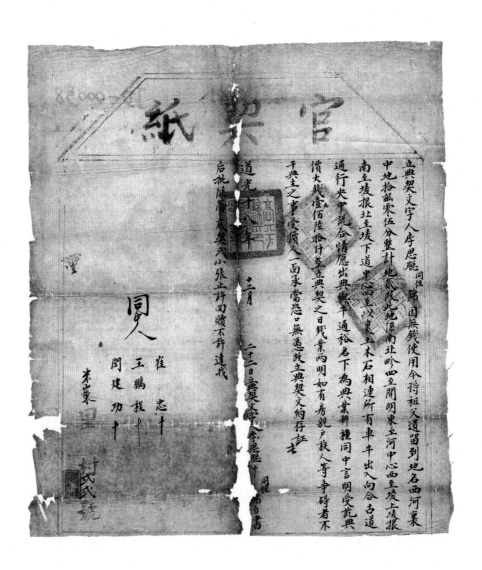

立典契文字人李思聰同侄錦, 因無錢使用, 今將祖父遺留到地名西河裏中地拾畝零伍分整, 計地二段, 此地係南北畛, 四至開明, 東至河中心, 西至埝上口垠, 南至口垠, 北至口下道中心, 四至以裏土石相連, 所有車牛出入向合古道通行。央中說合, 情願出典與牛通裕名下為典業耕種。同中言明, 受訖典價大錢一百六十千整, 立典契之日錢業兩明。如有房親戶族人等爭碍者, 不干典主之事, 受價人一面承當。恐口無憑, 故立典契文約存証。

道光十八年十二月二十二日立典契文字人李思聰(十字押)、同侄錦自書
後批: 隨帶底契貳小張, 止許回贖, 不許達找。
同中人　崔忠(十字押)、王鵬程十(十字押)、閆建功(十字押)
米山東里村式式號

李思聰과 그의 조카 李錦은 사용할 돈이 없기 때문에 祖父가 물려준 2필지의 하천 안에 있는 中地 ─ 도합 10畝5分 ─ 를 스스로 원하여 牛通裕에게 전당잡혀 (그가) 경작하도록 하였다. 이 땅들은 남북으로 뻗어 있고 사방의 경계가 분명하다. 동쪽의 경계는 하천의 중심에, 서쪽의 경계는 埝上口垠에, 남쪽의 경계는 口垠에, 북쪽의 경계는 口下道의 중심에 이른다. 4군데 경계 안쪽의 土石은 모두 토지에 포함된다. 모든 車牛의 출입은 옛길로 통행한다. 계약에 근거하여 전당을 잡힌 사람은 大錢 160,000錢을 얻고 이 돈은 이미 당일에 지급이 완료되었다. 동시에 양측이 분명히 말한 것은 만약 다시금 다른 친척이나 族人이 와서 이 땅들에 대해서 시비를 걸어 분쟁을 일으키면 이는 모두 전당잡은 사람과는 관계가 없으며 典價를 받은 사람이 책임진다. 더불어 동시에 설명하길 이 땅은 회속만을 허가할 뿐 加找는 허락하지 않는다.

도광 18년 12월 22일 전당계약서 작성자 李思聰(십자서명)、조카 錦自 대필
첨언: 초안 2장을 가져옴. 회속은 가능하지만 加找는 불허함.
중개인　崔忠(십자서명)、王鵬程(십자서명)、閏建功(십자서명)
米山東里村　22호

해설

　이 문서는 전형적인 토지 전당 계약서이다.

　이 문서에서 李思聰은 조카인 李锦와 함께 사용할 돈이 없어 자신들이 조상으
로부터 물려받은 토지 10畝5分을 大錢 160,000문에 牛通裕에게 전당잡혔다. 李
思聰과 조카 李锦은 함께 典價를 얻었고 牛通裕는 토지의 사용 및 수익권을 얻
었다. 문서의 가장 마지막은 대상 물건의 소유권에 대한 분쟁을 제거하기 위해
특별히 설명한 것으로 만약 房親이나 戶族 등의 사람이 분쟁을 일으키면 전당잡
힌 사람이 책임을 지고 전당을 잡은 사람과는 아무런 상관이 없다는 내용이다.
또한 加找를 허가하지 않는다는 단서도 있다.

　이 계약서는 官契, 즉 관청에서 고정된 격식으로 인쇄된 계지를 구매한 다음
상응하는 내용을 채워 넣은 것이다. 문서에는 또한 "高平縣印" 3매가 찍혀 있다.
이런 종류의 인장은 우측은 한문 전서, 좌측은 만문 전서이다. 또한 인장의 위치
는 기본적으로 고정되어 있다. 주로 대상 물건의 수량, 가격 및 계약 연월일 등
의 중요한 글자 위에 찍는다.

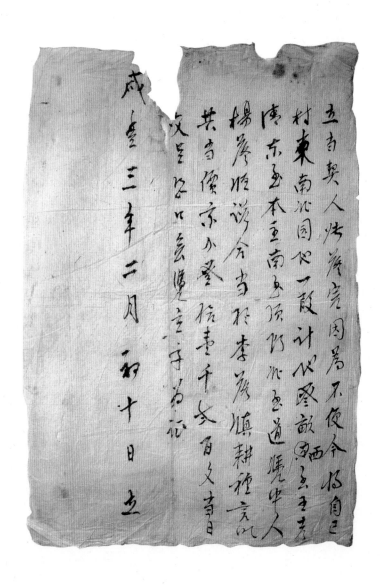

立當契人張落完, 因為不便, 今將自己村東南北園地一叚, 計地叄畝, 西至王孝清, 東至本主, 南至頂頭, 北至道, 憑中人楊落恆說合, 當於李落慎耕種, 言明共當價京錢叄拾壹千弍百文, 當日交足。恐口無憑, 立字為証。

咸豊三年二月初十日立

張落完은 수중에 돈이 없어 사용에 불편함이 있어 자기 소유의 마을 동남북의 園地 1필지, 모두 계산하면 3畝를 楊落恆의 중재를 통해 李落慎에게 전당 잡혀 (그가 이 땅을) 경작하도록 하였다. 이 땅의 사방 경계는 다음과 같다. 동쪽은 본인 張落完(의 땅에), 서쪽은 王孝清(의 땅에), 남쪽은 맞은편 지역에, 북쪽은 도로에 이른다.(張落完은) 전당가로 31,200文을 받고 당일에 완전히 지불되었다. 구두로는 증빙이 부족할까 우려하여 서면계약서를 작성하여 이후에 증거로 삼는다.

함풍 3년 2월 초10일 작성

　토지 전당 백계이다. 전당의 사유, 위치, 면적, 경계, 가격, 기한 등 기본적 사항을 기록하였다. 현 소유주가 돈이 없어 소유하고 있는 토지에 대해 전당을 진행하고 금전을 획득하였다.

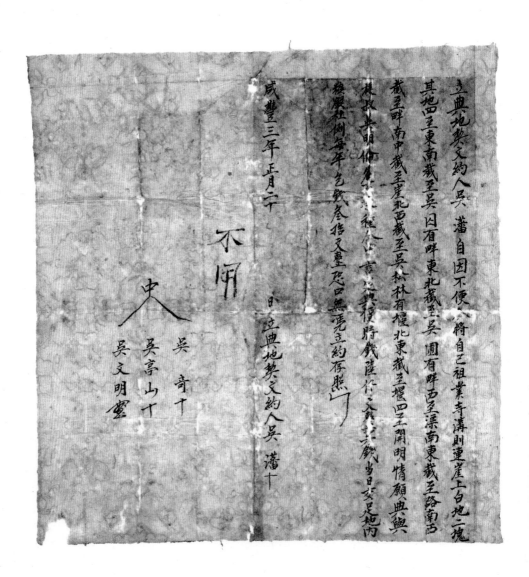

立典地契文約人吳藩, 自因不便, 今將自己祖業寺溝則連崖上白地二塊, 其地四至東南截至吳囚有畔, 東北截至吳圃有畔,西至渠南, 東截至路南, 西截至畔南, 中截至崖北, 西截至吳松林有堰北, 東截至堰, 四至開明, 情願典與族叔吳明倫名下耕種。仝中言定典價時錢六千文整, □錢當日交足。地內糧銀社例每年包錢三十文整。恐口無憑, 立約存照。

咸豐三年正月二十日立典地契文約人　吳藩(十字押)
中人　吳奇(十字押)、吳亭山(十字押)、吳文明(押)
不用

吳藩은 스스로가 불편하기 때문에 자기의 祖業인 寺溝則連崖의 白地 2필지를 그 族叔인 吳明倫에게 전당잡혔다. 이 땅들은 사방 경계가 명확하다. 동남쪽은 吳囚有의 두둑에, 동북쪽은 吳圃有의 두둑에, 서쪽은 도랑 남쪽에, 동쪽은 도로의 남쪽에, 서쪽은 두둑 남쪽에, 가운데 경계는 벼랑 북쪽에, 서쪽은 吳松林 소유의 둑 북쪽에, 동쪽도 둑에 이른다. 양측이 작성한 계약에 의거하여 吳藩은 전당가 時錢 6,000文을 얻으며 이 돈은 이미 당일에 지불 완료하였다. 또한 토지에 부과되는 錢糧에 대해 吳明倫이 매년 다시금 吳藩에게 30錢을 지급한다.

함풍 3년 정월 20일 토지 전당 계약서 작성자　吳藩(십자서명)
중개인　吳奇(십자서명)、吳亭山(십자서명)、吳文明(서명)
사용할 수 없다.

토지 전당 백계이다. 吳潘은 조상으로부터 물려받은 寺溝則連崖의 白地 2필지를 族叔인 吳明倫에게 전당잡히고 전당대금으로 錢 6,000문을 받았고 吳明倫은 토지의 사용 및 수익권을 얻었다.

　　문서의 뒤에 첨부된 "不用"이라는 두 글자는 이는 이후 吳潘이 吳明倫 쪽으로부터 전당 계약서를 회속하여 사용 및 수익권도 회수하였음을 의미한다. 따라서 이 전당 계약은 원래의 효력을 상실하였고 다른 사람이 이를 손에 넣어 교활하게 사용하는 것을 방지하기 위해 "不用"이라는 두 글자를 적어 넣었다.

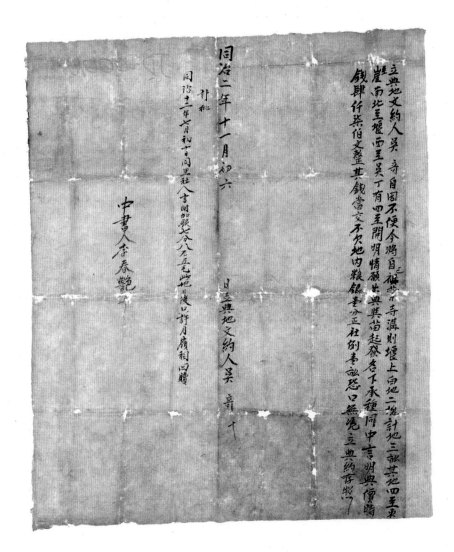

立典地文約人吳奇自因不便今將自祖受本寺滿則壩上白地二塊計地三畝其地四至東
崖南北至壩西至吳丁有四至開明情願出典與苗起發各下承種同中言明典價時
錢肆仟柒伯文整其錢當文不欠地内糧銀書分正社劉奉訟恐口無憑立典約存炤

同治二年十一月初六日立典地文約人吳奇十

中書人李春艷

同治十二年七月初十同共社人書明加銀七釜八石五元此地後日許月齊祖祝四贍

計批

立典地文約人吳奇, 自因不便, 今將自己祖業寺溝則堰上白地二塊, 計地三畝, 其地四至東至崖南, 北至堰, 西至吳丁有, 四至開明, 情願出典與苗起發名下承種。同中言明典價時錢四千七百文整, 其錢當交不欠。地內糧銀一分正社例一畝。恐口無憑, 立典約存照。

同治二年十一月初六日立典地文約人　吳奇(十字押)
計批
同治十二年七月初十日同里社人言明, 加銀七分八厘五毛, 此地日後許月嶺祠回贖。
中書人　李春艶(十字押)

吳奇는 자신이 사용하기에 불편하여 자기의 祖業인 寺溝則堰의 白地 2 필지를 苗起發에게 전당잡혀 (그가) 농사짓도록 하였다. 이 땅들은 도합 3畝로 사방이 분명하다. 그 땅의 사방은 동쪽의 경계가 절벽 남쪽에, 북쪽의 경계는 방죽에, 서쪽은 吳丁有(의 땅)에 이른다. 양측이 작성한 계약서에 근거하여 吳奇는 전당 대금으로 時錢 4,700문을 얻으며 이 돈은 당일에 이미 지불이 완료되었다. 동시에 양측은 땅에 부과된 錢糧에 대해서 社例에 따라 마땅히 1畝에 1分의 錢으로 계산하기로 약정하였다. 십년이 지난 다음 吳奇는 또 다시 苗起發에게서 7分8厘5毫의 은량을 추가로 받았다.

동치 2년 11월 초6일 토지전당 계약서 작성인　吳奇(십자서명)

동치 12년 7월 초10일 銀 7分8厘5毛를 추가하여 이날 이후 月嶺祠의 회속을 허가함.
중개인겸 대필인 李春艶(십자서명)


해설

　吳奇는 사용이 불편하기 때문에 자기의 寺溝則堰의 白地 3畝를 苗起發에게
전당잡히고 전당 대금으로 錢 4,700文을 얻었고 苗起發은 토지의 사용 및 수익
권을 얻었다. 10년 후 吳奇는 또 다시 苗起發에게 銀 7分8厘5毫를 加找하였다.
　여기서 전당의 대상이 된 것은 '白地'이다. 이른바 白地란 아무런 작물도 재배
되고 있지 않은 토지를 말한다. 이미 경작되는 작물이 있는 토지를 칭하여 '靑苗'
라고 한다.

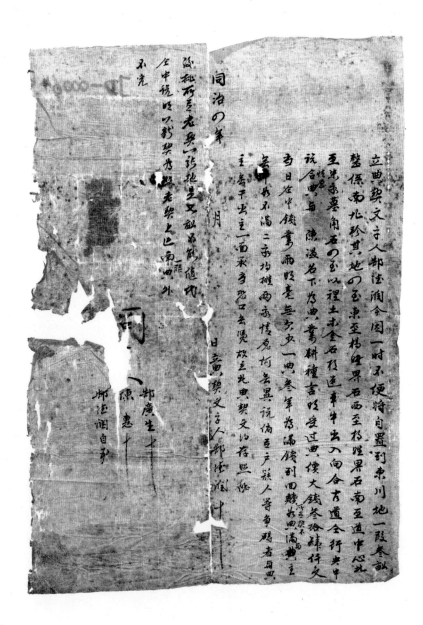

立典契文字人郜德潤今因一时不便將自置到東川地一段叁畆
整係南北珍其地〇至東至楊生界石西至道中心北
至米承墓角石〇至以裡土米金石程連車牛去入向合方道全行史中
該合典与　　陳過名下炉典業耕禮言喝受过典僕大錢叁拾味仟文
媳〇與
每日谷中錢業而眼是無欠少一典叁年卷滿錢引回贖炉滿典〇主
无呷收不滿二年均推兩承情慁坷会異說俏至戶族人等争碍者与典
主言下出主一面承手恐口去憑故三先典契文〇存與據

同治〇年　　　月　　　日立重典文字人郜德潤計

全中税吧不對契多與老契上止南西外
不完
後秋石兒老契一張地生文畆不篤隨机
不完

陳　　惠十
郜廣生十
郜德潤自筆

立典契文字人郜德潤, 今因一時不便, 將自置到東川地一段, 三畝整, 係南北畛, 其地四至, 東至楊姓界石, 西至楊姓界石, 南至道中心, 北至朱永家墓角石, 四至以裡土木金石相連, 車牛出入向合古道仝行。央中說合, 情願典與陳溫名下為典業耕種, 言明受過典價大錢三拾肆仟文, 當日仝中錢業兩明, 毫無欠少。一典三年, 錢到回贖, 所有契錢, 如典滿, 與典主無干。如不滿, 二家均攤。兩家情願, 何無異說。倘若戶族人等爭碍者, 與典主無干, 由出主一面承當。恐口無憑, 故立此典契文以存照。(押)

同治四年　月　日立典契文字人郜德潤(十字押)
後批: 所有老契一張, 地是七畝, 不能隨代, 仝中說明, 以新契為照, 老契上邊南一段, 典外不究。
同中人　郜廣生(十字押)、陳惠(十字押)、郜德潤自書

郜德潤은 일시적인 불편함으로 인해 자신의 東川地 1필지 ― 도합 3畝 ― 를 스스로 원하여 陳溫에게 전당잡혀 (그가) 농사를 짓도록 하였다. 해당 토지는 남북으로 뻗어 있다. 동쪽은 楊姓의 경계석에, 서쪽은 楊姓의 경계석에, 남쪽은 도로 중심에, 북쪽은 朱家의 墓角石에 이른다. 각 변 경계의 안쪽에 있는 土石은 모두 토지에 포함되며 車牛의 출입은 모두 옛길로 통행한다. 양측의 계약에 근거하여 郜德潤은 전당 대금으로 大錢 37,000文을 획득하고 이 돈은 (거래) 당일에 이미 지불을 완료하였다. 동시에 양측은 약정하길 전당 기간은 3년으로, 3년 이내에는 회속을 불허한다. 이 기간에 만약 (전당잡힌 사람의) 친족이 이 땅(에 대한 권리)을 주장하면 전당잡은 사람은 완전히 무관하고 전당잡힌 사람이 혼자서 처리한다. 증빙이 없

을까 우려되어 전당계약서를 작성하여 증거로 삼는다.(서명)

동치 4년 월 일  전당계약서 작성인 郜德潤(십자서명)
첨언: 老契 1장은 면적이 7무인데 첨부할 수 없으므로 중개인이 설명하고 新契를
증거로 삼는다.
중개인  郜廣生(십자서명)、陳惠(십자서명)、郜德潤이 친히 쓰다.

---

해설

　　郜德潤은 자기 소유의 토지 3畝를 陳溫에게 전당잡혀 錢 37,000文을 얻었고
陳溫은 토지의 사용 및 수익권을 얻었다. 다만 이 계약은 회속에 제한이 있는
것으로 전당 기간은 3년이고, 3년 이내에는 회속을 허락하지 않음을 명시하였다.
문서의 마지막에는 대상 물건의 소유권 분쟁을 방지하기 위해서, 만약 (전당잡힌
사람의) 친척 등이 (전당잡은 사람의 권리 행사를) 막으며 소유권을 주장하면 전
당을 잡힌 사람이 책임지며 전당 잡은 사람은 상관이 없다.
　　부동산의 전당이나 매매를 진행할 때는 해당 토지의 내력을 설명하기 위해서
이전에 작성한 老契, 다시 말해 전당잡힌 사람이 해당 토지를 취득할 때 작성한
계약서를 주었다. 해당 문서에서 언급한 토지 역시 이전에 작성한 老契가 있었
지만 이 老契가 다른 토지와 관계가 있기 때문에 줄 수가 없었기 때문에 첨언의
형식을 이용하여 老契가 첨부될 수 없어 新契를 증거로 삼는다고 설명하였다.
　　이 외에 이 문서는 대필인이 없고 전당을 잡힌 郜德潤이 직접 작성하였다.

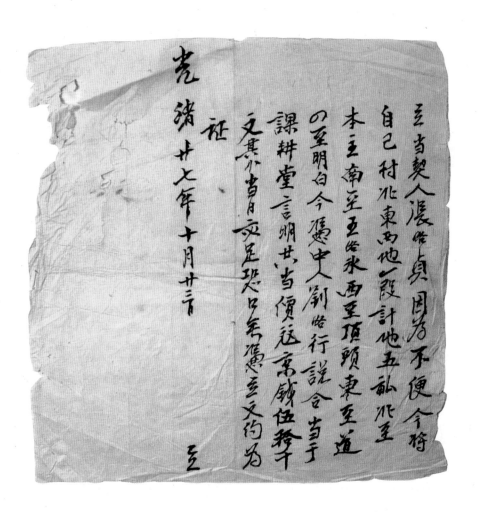

立當契人張洛貞因為不便今將
自己村北東西地一段計地五畝北至
本主南至王姓永西至頂頭東至道
口至明白今應中人劃諧行說合當于
課耕堂言明共當價延京錢伍拾千
文其小當月交足恐口无憑立文約為

証

光緒廿七年十月廿三日

立

立當契人張洛貞, 因為不便, 今將自己村北東西地一叚, 計地五畝, 北至本主, 南至王洛氷, 西至頂頭, 東至道, 四至明白, 今憑中人劉洛行說合, 當於課耕堂, 言明共當價□京錢伍拾千文, 其錢當日交足。恐口無憑, 立文約為証。

光緒廿七年十月廿三日　　　立

光緒 27년 10월 23일 오늘, 張洛貞은 수중에 돈이 없어 사용에 불편함이 있어 자기 마을 북쪽의 토지 한 필지, 모두 계산하면 5畝를 중재인 劉洛行의 중재를 통해 課耕堂에 전당 잡혔다. 이 땅의 북쪽은 본인 張洛貞(의 땅에), 남쪽은 王洛冰(의 땅에), 서쪽은 맞은편 지역에, 동쪽은 도로에 이른다. (張洛貞은) 전당 대금으로 京錢 50,000文을 받았고 당일에 지급이 완전하게 이뤄졌다. 구두로는 증빙이 부족할까 염려하여 서면 계약서를 작성하여 이후에 증거로 삼는다.

광서 27년 10월 23일 작성

　토지 전당 백계이다. 전당의 사유, 위치, 면적, 경계, 가격, 등 기본적 사항을 기록하였다. 현 소유주가 돈이 없어 소유하고 있는 토지에 대해 전당을 잡히고 금전을 획득하였다.

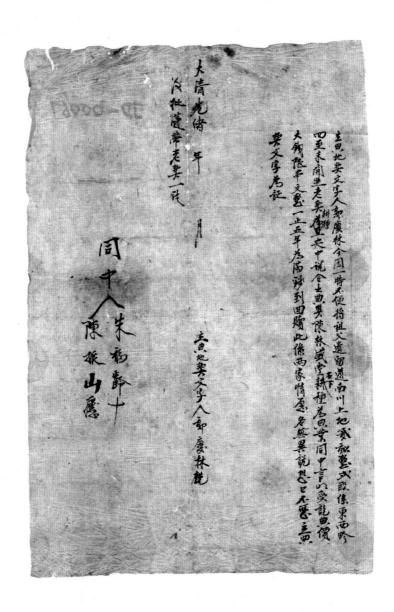

立典地契文字人郭慶林, 今因一時不便, 將祖父遺留道南川上地貳畝整, 弍段, 係東西畛, 四至未開, 照老契耕種。 央中說合, 出典與陳林盛堂名下耕種為典業。 同中言明, 受訖典價大錢六串文整。 一止五年為滿, 錢到回贖。 此係兩家情願, 各無異說。 恐口無憑, 立典契文字為證。

大清光緒 年 月立典地契文字人　郭慶林(押)
後批: 隨帶老契一張。
同中人　朱福齡(十字押)、 陳振山(押)

광서연간 郭慶林은 일시적인 불편으로 인해 스스로 원하여 그 祖·父가 물려준 道南川의 上地 2畝를 陳林盛에게 전당을 잡히고 농사짓도록 하였다. 이 2 필지 토지는 동서로 뻗은 밭두렁으로 사방이 열려있지 않고 老契에 의거하여 농사를 진행하였다. 쌍방의 약정에 근거하여 郭慶林은 전당대금으로 大錢 6串文을 얻었다. 전당기간은 5년으로 하고 돈을 갚으면 회속한다.

광서 년 월 전당계약서 작성자　郭慶林(서명)
첨언: 老契 1장을 가져옴
중재인　朱福齡(십자서명)、 陳振山(서명)

토지 전당 백계이다. 郭慶林은 일시적인 불편함으로 인해 祖·父가 물려준

道南川 上地 2조각 총 2畝를 陳林盛에게 전당을 잡히고 錢 6串文을 받았고, 陳林盛은 해당 땅의 사용 수익에 대한 권리를 취득하였다. 동시에 문서에서는 또한 전당 기한을 규정하였고 5년의 기한이 만기된 다음에는 회속할 수 있다.

　뒤에 첨가한 설명은 해당 토지의 내력이 정당하다는 것을 표명하기 위해 이전에 만든 老契 1장을 첨부하였다.

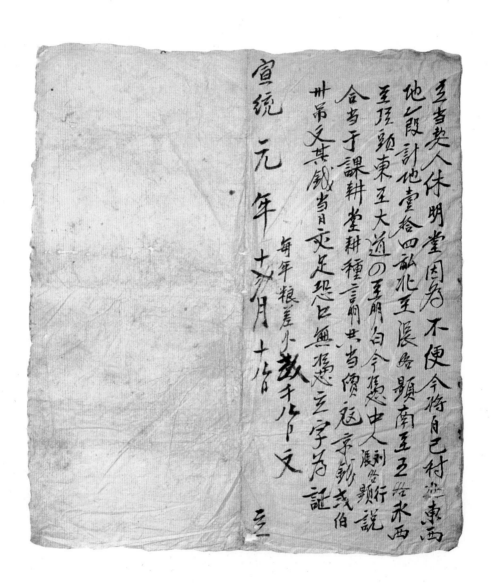

立當契人休明堂, 因為不便, 今將自己村邊東西地一段, 計地壹拾四畝, 北至張
洛顯, 南至張洛氷, 西至頂頭, 東至大道, 四至明白, 今憑中人劉張洛行顯說合,
當於課耕堂耕種, 言明共當價□京錢弍佰卅吊文, 其錢當日交足。恐口無憑, 立
字為証。

每年糧差錢弍千八百文
宣統元年十弍月十八日立

休明堂은 불편함이 있어 자기 마을 변두리의 토지 1 필지, 모두 계산하면 14畝를
중재인 張洛顯, 劉洛行의 중재를 통해 課耕堂에 저당 잡혔다. 토지의 북쪽은 張洛
顯(의 땅에), 남쪽은 張洛冰(의 땅에), 서쪽은 맞은편 지역에, 동쪽은 도로에 면해
있다. (休明堂은) 전당 대금 230吊을 받으며 당일 지불을 완료하였다. 구두로는
증빙이 부족할까 염려하여 서면계약서를 작성하여 이후에 증거로 삼는다.

매년 세량과 차역은 錢 2,800文이다.
선통 원년 12월 18일 작성

  토지 전당 백계이다.
  사용하기에 불편하다는 이유로 토지를 전당잡히면서 토지의 위치, 면적과 사
방의 경계 등을 설명하고 전당 대금과 세량, 차역의 액수를 명시하였다.

## 2) 산지 전당 계약서

**66** 명 가정 39년 鄭笙 산지 전당 계약서 안휘성, 1560

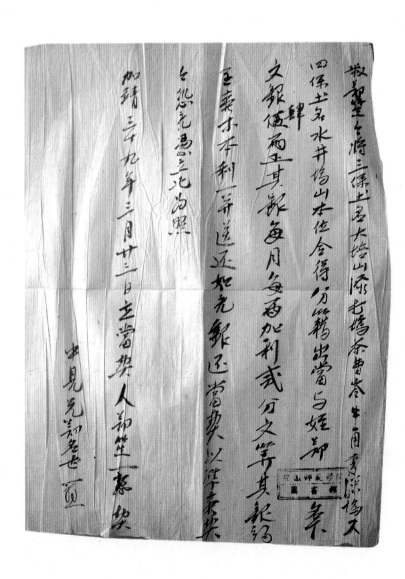

叔鄭笙今將三保土名大培杉、天打塢、茶曹嶺、牛角、索深塢, 又四保土名水井
塢山, 本位合得分籍出當與侄鄭 名下, 紋銀四兩正。其銀每月每為加利二分算,
其銀錢賣木本利一併送還, 如無銀還, 當契以準賣契。今恐無憑, 立此為照。

嘉靖三十九年三月二十三日立當契人　鄭 笙(押)
中見　兄 鄭名世(押)

숙부 鄭笙은 3保에 위치한 토지명 大培杉、天打塢、茶曹嶺、牛角、索深塢, 4保
에 위치한 토지명 水井塢山 등 산지를 조카 鄭에게 전당을 잡힌다. 가격은 紋銀
4량이다. 매월 은 1량당 2분의 이자를 계산한다. 원금과 이자를 함께 상환하여야
한다. 만약 상환하지 못할 경우 본 전당계약서로 매매계약서를 대신한다. 증빙이
없을까 우려되어 전당계약서를 작성하여 증빙으로 삼는다.

가정 39년 3월 23일 전당계약서 작성자　鄭 笙(서명)
증인　兄 鄭名世(서명)

　산지 전당 백계이다. 鄭笙은 생활이 곤란하여 조카에게 산지를 전당잡히고 금
전을 얻었다. 또한 그는 원금과 이자 액수를 기록하고, 원금과 이자를 상환하지
못할 경우에는 본 전당계약서로 매매계약서를 대신한다는 조항을 명시하였다.

## 3) 택지 전당 계약서

**67** 민국 24년 王鳳鳴 택지 전당 계약서 하북성, 1935

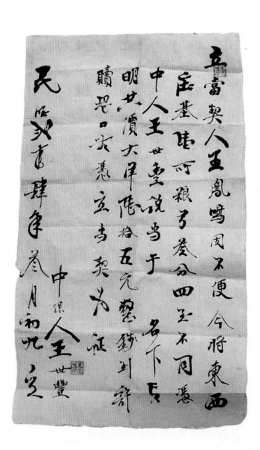

立當契人王鳳鳴, 因不便, 今將東西莊基壹所, 糧弓叁分, 四至不開, 憑中人王世豐說當於 名下, 言明共價大洋陸拾五元整, 錢到許贖。恐口無憑, 立當契為証。

中保人　王世豐(蓋章)
民國式拾肆年叁月初九立

附 : 上件契約同以下紙條包在一同張紙(皮上書 : 此是王鳳鳴莊基兩張)裏。
李伍行莊基陸拾元
尹展正　正月十六五口半
三月初三口　四月
共欠錢八十四千

王鳳鳴은 수중에 돈이 없어 사용에 불편함이 있어 택지 1필지를 (4곳의 경계는 분명하게 적을 필요가 없다) 중재인 王世豐의 중재를 통해 □□□의 명의 아래에 저당 잡혔다. (王鳳鳴은) 전당 대금으로 大洋 65元을 받았다. 장래에 돈을 돌려준 후에 택지의 소유권을 회속할 수 있다. 구두로는 증빙이 부족할까 염려하여 서면 계약서를 작성하여 이후에 증거로 삼는다.

중개인 王世豐(인장)
민국 24년 3월 초9 작성

이 계약서는 아래의 다른 문건과 같이 들어있다.

이오행 토지 60원
윤전정 정월 16일
3월 초3일
금액이 804,000 부족

토지 전당 백계이다. 王鳳鳴은 돈이 없어 택지를 전당잡히고 금전을 얻었다. 전당가격과 회속이 가능하다는 조건을 명시하고 있다. 그러나 회속의 기한은 정하지 않았다.

## 4) 가옥 전당 계약서

**68** 명 만력 47년 洪旺富 가옥 전당 계약서

안휘성, 1619

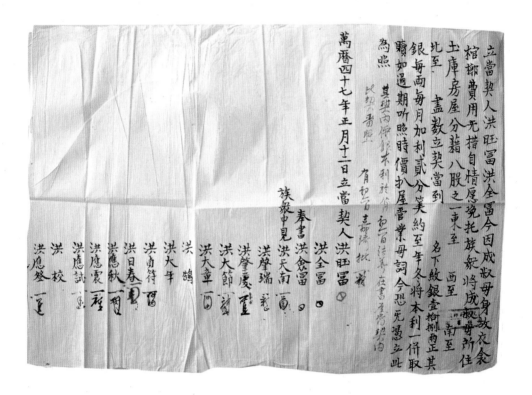

立當七人洪旺富、洪全富，今因成叔母身故，衣衾棺槨費用無措，情願托族眾，
將成叔母所住土庫房屋分籍八股至一，東至，西至，南至，北至，盡數立契當到
名下，紋銀壹拾捌兩正，其銀每兩每月加利二分算，約至年冬，將本利一併取贖，
如過期聽照時價扒屋管業母詞。今恐無憑，立此為照。
其契內價銀本利於八月初一日結算，在書屋當契內，此契留照。

九月初一日，嘉綺批
萬曆四十七年正月十二日立當契人　洪旺富(押)、洪全富(押)
　　　　　　　　　　　　　奉書　洪簽富(押)
　　　　　　　　　　族眾中見　洪天南(押)、紅肇端(押)、洪肇慶(押)
　　　　　　　　　　　　　　　洪大節(押)、洪大章(押)、洪鵠、洪大年
　　　　　　　　　　　　　　　洪貞符(押)、洪日春(押)、洪應秋(押)
　　　　　　　　　　　　　　　洪應震(押)、洪應試(押)、洪校、洪應登(押)

洪旺富 등 7인은 숙모가 별세하여 장례비용이 없어 숙모가 거주하던 가옥을 ○○○
에게 전당을 잡힌다. 紋銀 18兩이며 매월 은 1량 당 이자 2분으로 계산한다. 계약
은 겨울까지이며 이자와 함께 회속한다. 만약 기한이 지나면 시세의 80%로 소유권
이 넘어가도 이의를 제기하지 않는다. 증빙이 없을까 우려하여 이 전당계약서를 작
성하여 증빙으로 삼는다. 이자는 8월 1일부터 계산한다.

만력 47년 정월 12일 전당계약서 작성인　洪旺富(서명)、洪全富(서명)
　　　　　　　　　　　　대필인　洪簽富(서명)

친족 증인　洪天南(서명)、紅肇端(서명)

洪肇慶(서명)、洪大節(서명)

洪大章(서명)、洪鵠、洪大年

洪貞符(서명)、洪日春(서명)

洪應秋(서명)、洪應震(서명)

洪應試(서명)、洪校、洪應登(서명)

　洪旺富 등은 숙모의 장례비용이 없어서 숙모가 거주하던 가옥을 전당잡혀 장
례비용을 마련하였다. 洪旺富 등은 시세의 8할로 전당 가격을 정했다. 또한 매
월 이자 액수를 정하고 전당기한이 다하면 원금과 이자를 동시에 상환할 것을
명시하였다.

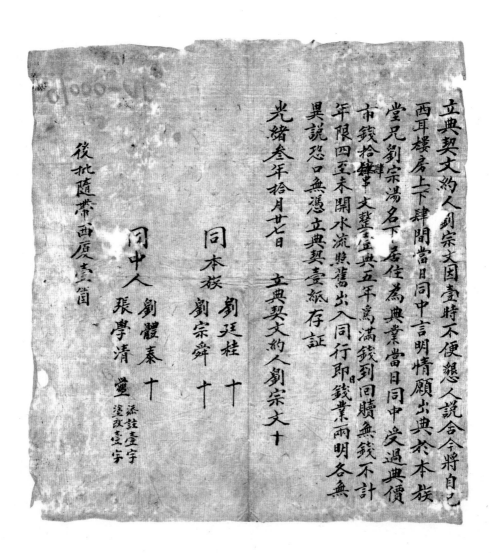

立典契文約人劉宗文因壹時不便懇人說合今將自己
西耳樓房上下肆間當日同中言明情願出典於本族
堂兄劉宗湯名下居住爲典業當日同中受過典價
市錢拾肆千文整壹典典五年爲滿錢到回贖無錢不計
年限四至未開水流與舊出入同行即錢業兩明各無
異說恐口無憑立典契壹紙存証

光緒叄年拾月廿七日　　立典契文約人劉宗文 十

　　　　　　　　　同本族　劉宗舜 十
　　　　　　　　　　　　　劉廷桂 十
　　　　　　　同中人　劉體泰 十
　　　　　　　　　　張學清　添註壹字
　　　　　　　　　　　　　　塗改壹字

後批隨帶西厦壹間

立典契文約人劉宗文, 因壹時不便, 懇人說合, 今將自己西耳樓房上下四間, 當日同中言明, 情願出典於本族堂兄劉宗湯名下居住爲典業。當日同中受過典價市錢拾肆串文整。立典五年爲滿, 錢到回贖, 無錢不計年限。四至未開, 水流照舊出入同行。即日錢業兩明, 各無異說。恐口無憑, 立典契壹紙存證。

光緒三年拾月廿七日立典文約人劉宗文(十字押)
同本族　劉廷桂(十字押)、劉宗舜(十字押)
同中人　劉體泰(十字押)、張學清(押)
添註壹字, 塗改壹字
後批: 隨帶西廈一箇

劉宗文은 일시적 불편으로 인해 다른 사람의 중재를 통해 스스로 원하여 자신의 西耳樓房 상하 4칸을 堂兄 劉宗湯의 명의 아래로 전당잡혀 거주하도록 하였다. 쌍방의 약정에 근거하여 劉宗文은 전당 대금으로 市錢 14串文을 받았고 이 돈은 당일 이미 전액 지불되었다. 전당 기간은 5년이고 돈을 갚으면 회속할 수 있다. 만약 기한이 되었는데도 돈이 없어 회속이 불가능하면 기한을 정하지 않고 劉宗湯이 계속 거주한다. 사방의 경계가 닫혀 있고 하수와 출입도 이전과 같이 한다. 당일 대금과 가옥 모두 분명하게 처리하여 각자 이의가 없다. 증빙이 없을까 우려되어 전당계약서를 작성하여 증거로 삼는다.

광서 3년 10월 27일 전당계약서 작성자　劉宗文(십자서명)
친족　劉廷桂(십자서명)、劉宗舜(십자서명)

중개인　劉體泰(십자서명)、張學淸(서명)
한 글자를 첨가하고 한 글자를 수정함
첨언: 西廈 1개를 가져옴

　　가옥 전당 백계이다.
　　이 계약서가 다른 사람에 의해 위조되는 것을 방지하기 위해 "한 글자를 첨가
하고, 한 글자를 수정하였다"라고 표시하여 하여 특별히 문서 내용의 수정 및 추
가 상황을 설명하였다.

# IV

## 소작계약문서

# 1 소작계약의 관행

　명청시기에는 사회경제적 발전에 따라 빈부의 격차가 날로 심해지면서 토지의 집중 현상이 심화되었다. 일상생활 속에서 자경농, 佃農 심지어 佃仆에 이르기까지 자신의 토지가 부족하거나 혹은 토지가 없어서 다른 사람의 토지를 소작하여 경작을 진행하여야 비로소 기본적인 생활이 유지되었기 때문에 소작 계약은 날로 발전하였다.

　소작 관계의 성립 요건은 소작농과 해당 토지를 임대한 지주가 맺은 소작 계약이다. 소위 "田主는 토지를 내고 佃戶는 노동력을 낸다. 田主는 세금을 납부하고, 佃戶는 소작료를 납부한다. 본래부터 서로 보태는 뜻이 있었으며 백세 동안 바뀌지 않는 규정이다."(王簡庵, 《臨汀考言》 卷十七, 四庫未收書輯刊第8輯第21冊, 北京出版社, 374-375쪽)

　일반적으로 소작 계약은 모두 아래와 같은 기본 요건을 갖추고 있었다.
　① 소작 계약은 반드시 소작인과 지주 혹은 전주의 성명 및 소작 대상물의 소유권, 전지의 위치, 면적을 갖추고 있어야 했다.
　② 소작 계약은 반드시 지주와 소작인 쌍방이 약정한 소작 수량, 품종, 품질, 소작료 납부 방식과 그 기한, 그리고 소작 기한 등 약정한 사항을 갖추고 있어

야 했다. 예컨대 지주 혹은 전주는 멋대로 소작료를 올리거나 수탈해서는 안 되었고, 소작인은 계약을 어겨서 납부 기한을 넘기거나 소작료를 적게 납부해서는 안 되며 특히 소작료 납부에 항의하여 내지 않는 일은 있으면 안 되었다.

③ 위약 책임. 명청 시기 소작 계약에는 위약 책임이 명확하게 기재되어 있었다. 지주 혹은 전주, 소작인을 가리지 않고 일단 계약서 상의 규정을 위반하면 상대방이 계약 상의 규정에 따라 상응하는 조치를 취할 수 있었다.

④ 기타 사항. 佃仆租佃의 의무와 기타 계약상의 별도의 의무 등을 포괄하고 있었다.

민간의 소작 계약은 지주와 소작인 쌍방이 모두 상대적으로 평등하였다. 그러나 각지의 사회 경제와 풍속의 차이로 인해 적지 않은 계약에 정식 소작료 외의 별도의 부가료가 약정되어 있었다. 이외에도 지위가 높고 권력이 강한 지주는 소작 관계를 이용하여 소작인들을 경제적으로 수탈하였으며 심지어 멋대로 처벌하기도 하였다.

정상적인 소작 관계에서, 소작인은 단지 지주에게 규정된 소작료인 "正租"만 납부하면 되었다. 그러나 현실에서는 여전히 正租 이외의 附租라고 하는 것이 요구되었다. 附租는 세 가지로 나눌 수 있다. 첫째는 正租에 부가되는 斛面, 脚費 등이었다. 둘째는 명절에 예의를 갖춘다는 명목으로 소작인들로 하여금 새롭게 수확물과 금전을 바치게 하거나 혹은 冬牲, 信雞, 信鴨 등을 바치게 하였다. 셋째는 소작인에게 부산품이나 특산품, 예컨대 볏짚, 직물, 약재, 야채, 과일, 등을 받는 것이었다. 상술한 물품은 실물로 낼 수도 있었고 환산하여 금전이나 양식으로 낼 수도 있었다. 이 외에 계절마다 지주가 직접 혹은 집안사람을 파견하여 소작 준 토지를 검사하였는데, 이 때 소작인들은 술과 음식을 제공해야 했고 또한 노잣돈을 줘야 하기도 하였다. 이 역시 소작인들에게 별도의 큰 부담이 되었다. 소작인이 이러한 별도의 가혹한 부가료를 다 내지 않으면, 지주 혹은 전주들이 소작 준 땅을 회수하거나 소작료를 올리는 방식을 써서 소작인에게 큰 피해를 주었기 때문이다.

소작하는 토지의 유형을 기준으로 하면 농지 소작, 산지 소작 등의 유형으로 구분할 수 있다. 명청시기 농지소작 계약에서는 일반적으로는 실물 지조가 높은 비중을 차지했지만 명대 중후기 이후 상품·화폐 경제가 날로 발전하면서 화폐 지조가 점점 많아지기는 했지만 여전히 실물 지조가 우월한 지위를 차지하고 있었다.

산지소작 계약에서는 소작인이 묘목의 모종 심기, 중간 관리, 화재 방지, 도난 방지 등의 작업을 부담해야 하며 장기간의 농사일에 들어간 많은 노동력에 대해 山主는 일정한 액수의 보수를 지급해야 한다.

명청시기에는 소유권(田底)과 소작권(田面)이 상호 분리된 "一田二主"의 현상이 출현하였다. 田底와 田面은 모두 자유로운 매매가 가능했으며 이런 현상은 전국 각지에 보편적으로 존재하였다. 田底權과 田面權의 분리는 永佃制의 발전과 밀접한 관계가 있다. 田面을 경작하는 佃戶는 田主에게 일정한 地租만 납부하면 영구적으로 田面權을 획득할 수 있었으며 田主는 단지 田底權만을 점유하여 田面權의 처리에 대해 간섭할 권한이 없었다. 일반적으로 말해서 永佃權이 있는 田地에서 轉租가 일어날 때 佃戶가 田底(를 가진) 業主에게 주는 地租를 "大租"라 불렀고 田面權을 점유한 業主에게 납부하는 地租를 "小租"라고 불렀다

永佃權은 또한 "田面權"이라고도 한다. 소위 永佃權은 소작농이 지주에게 모종의 대가를 지불한 후에 반대급부로 지주의 토지에 대한 "영구한" 소작권을 취득하게 된 것이다. 그것은 토지 소유권에서 분리되어 나온 것이다. 이 때문에 많은 부분에서 토지 소유권과 닮아 있다. 그것은 時價가 있으며 매매할 수 있었다. 매매 시에는 중개인을 불러 계약서를 작성하고 어떤 경우에는 세금을 납부해야 했다. 팔린 소작권은 다시 되찾을 수 있는 것과 되찾을 수 없는 것으로 나뉘었는데, 전자는 판매 대금을 갚고 되찾는 것이었고, 후자는 賣絕된 것이었다. 소작지 양도 역시 중개인을 불러 계약서에 주를 달고 소작료를 의논하여 정하였다. 대부분의 경우 소작권은 이미 "鄕例"가 되어 있었고 또한 관부의 승인을 받은 것이었다. 명청 시기 永佃의 형식은 강서, 강소, 절강, 복건 등의 지역에서 성행하였다.

명 말에 이르러 소작권은 어떤 지역에서 점차 고정되어 永佃權이 되었고, 그 기초에서 "一田二主" 현상이 출현하였다. 이러한 제도 하에서 地權은 "田底"와 "田

面"으로 나뉘어 졌고, 지주는 田底權, 즉 수조권을 가졌고, 소작농은 田面權, 즉 장기간 경작할 수 있고 어떤 경우 그 경작권을 양도할 수 있으며 지주가 멋대로 소작농으로부터 뺏을 수 없는 권리를 가지게 되었다.

최소한 청대에 이르러 여러 지역에서 농호 사이에 田皮를 교역하는 것을 많이 볼 수 있게 되었다. 永佃權은 모두 독립된 재산권이 되었고 永佃權을 가진 사람은 이러한 토지 사용권을 자유롭게 양도할 수 있었다. 그래서 일종의 독특한 토지 시장이 형성되었는데, 즉 田皮市場이다. 누구라도 일정한 금액을 가지고 일정한 田皮를 구매하여 자신의 재산으로 삼을 수 있었다. 永佃制 하에서 토지 재산권은 두 가지로 분리되었던 것으로, 즉 토지 소유권(田骨)과 사용권(田皮)으로 나뉘었던 것이다. 그리고 토지 매매 시장은 더욱 다양화 되었는데, 대체로 다음의 내용과 형식을 가지고 있었다: ① 전골과 전피를 모두 함께 매매 ② 田骨은 매매하고, 田皮는 보유 ③ 田皮는 매매하고 田骨은 보유 ④ 田皮만 보유하고 있고 田骨은 없는 상황에서 田皮를 양도(趙岡 :《永佃制硏究》, 北京 : 中國農業出版社, 2005, 40쪽)

"永佃權"은 현대 법률의 개념이자 용어이다. 비록 전통 시대 중국에는 이러한 개념이 존재하지 않았지만 우리들은 영전의 권리와 영전의 사실이 존재하지 않았다고 할 수 없다. "永佃權"과 "田面權"의 관계에 대해 楊國楨은 다음과 같이 지적하였다. 永佃權이 출현하였다고 하더라도 지주는 일반적으로 소작농이 소작하는 토지를 자유롭게 양도하는 것을 허락하지 않았으나, "사적으로 주고받는" 일이 갈수록 많아졌던 상황이 지주로 하여금 암묵적으로 그것에 동의하도록 만들었다는 것이다. 영전권의 양도 과정 중 "소작농은 응당 내야 하는 소작료는 매년 정해진 액수에 따라 다 내야 한다. 만약 감히 전처럼 교활하게 저항한다면 지주가 관부에 신고하여 추궁하도록 한다. 만약 소작농이 아직 소작료를 납부하지 않은 상황에서 지주가 쫓아가 닦달하지 않고 소작농이 소작료를 고의로 납부하지 않고 있다며 항조 행위를 하고 있다고 날조하여 고발하는 경우 그대로 무고의 죄로 다스린다"(乾隆《寧都仁義鄕橫塘塍茶亭內碑記》, 前南京國民政府司法行政部編,《民事習慣調査報告錄》, 北京 : 中國政法大學出版社, 2000年, 243-244쪽)

다음에서는 구체적인 소작계약 문서들을 살펴보기로 하겠다.

## 2 소작 계약서의 분류

### 1) 농지 소작 계약서

**70** 명 만력 16년 胡保 등 농지 소작 계약서 　　　　　안휘성, 1588

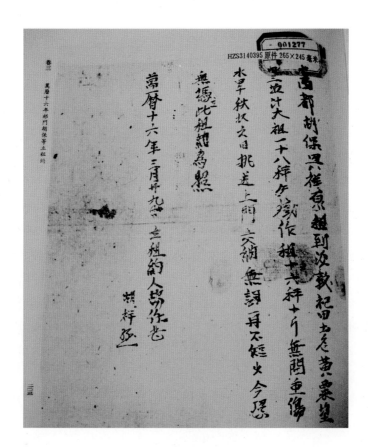

十西都胡保與祥, 原租到□□祀田, 土名黃粟堡, 田三坵, 計大租一十八秤, □□
作租十六秤十斤, 無間重傷水旱, 秋收六日, 挑送上門, 交納無詞, 再不短少。今
恐無憑, 立此租約為照。

萬曆十六年三月二十九日立租約人　胡保(押)、胡祥(押)

14都의 胡保와 胡祥은 원래 □□ 祀田을 소작하였다. 토지명은 黃粟堡이며, 농지
3坵이다. 大租는 18秤이다. □□는 조 16평 10근이며, 수재나 가뭄에 상관 없이
추수한 후 정확하게 납부해야 한다. 증빙이 없을 것을 우려하여 소작계약서를 작성
하여 증빙으로 삼는다.

만력 16년 3월 29일 소작계약서 작성인　胡保(서명)、胡祥(서명)

　胡保 등의 농지 소작계약서로 원래의 주인에게 "大租" 18秤을 납부해야 했다.
여기에서 나오는 "大租"는 "小租"와 상대적인 명칭이다. 위에서 서술한 胡保가
납부한 大租 18秤은 소유권을 가진 주인에게 납부하는 地租이다. 명청시기 휘주
에서는 일반적으로 秤(砠)을 地租의 단위로 삼았지만 1秤(砠)의 중량이 얼마인
지는 일정하지 않아 지역별로 비교적 큰 차이가 존재하였다. 휘주문서를 보면
18斤, 20斤, 25斤, 심지어 30斤을 1秤(砠)으로 하는 경우도 있다.

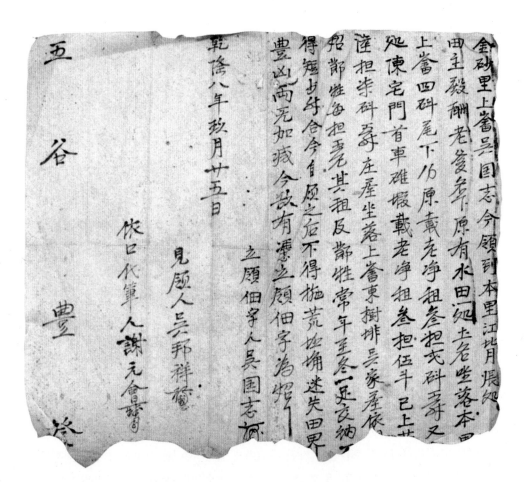

金砂裏上畬吳國志, 今領到本裏江背張處田主殿酬老爹名下原有水田一處, 土名坐落本裏上畬四鬥尾下囗, 原載老淨租三擔貳鬥五升, 又[一]處陳宅門首車碓塅, 載老淨租三擔伍鬥。已上[共載]陸擔柒鬥五升, 莊屋坐落上畬東樹吳家屋, 依[租均]招[照]。節牲每擔五錢, 其租及節牲常年至冬一足交納, 不得短少升合。今自領之後, 不得抛荒圻角, 迷失田界, 豐凶兩無加減。今欲有憑, 立領佃字爲照。

立領佃字人　吳國志(押)

乾隆八年玖月廿五日

見領人　吳邦祥(押)

依口代筆人　謝元會(押)

五穀豐登

金砂裏 上畬村의 촌민 吳國志는 마을의 강변 촌락의 張殿酬 어르신 명의의 水田 2필지를 소작하기로 하였다. 한 곳은 金砂裏 上畬村의 작은 땅에 위치하며 四鬥尾라고 하는 곳이다. 이 水田은 원래 純稻穀 3擔 2鬥 5升을 소작료로 내야 한다고 기록되어 있다. 다른 한 곳은 陳姓 가문 저택의 문 앞에 위치하며, 車碓塅이라고 한다. 3擔 5鬥의 곡물을 소작료로 내야 한다. 이상 두 곳의 토지에서 매년 6擔 7鬥 5升의 곡물을 소작료로 내야 한다. 토지에 딸린 것으로 한 칸의 방이 있으며 上畬村 東樹排 吳氏 가옥에 위치한다. 해당 토지를 소작하는 소작인은 매년 명절에 토지 소유주에게 닭, 오리 등을 선물로 줘야 하는데 이를 환산해서 1擔당 5錢씩 내도록 한다. 해당 토지의 소작료 및 명절용 선물은 매년 冬至에 함께 납부하며 약정된 곡물 및 선물은 부족함이 없게 납부해야 한다. 소작인은 소작을 시작한 때부터 토

지의 가장자리를 방치하여 그 경계를 찾지 못하게 되는 상황이 일어나지 않도록 한다. 수확을 많이 하든 못하든 관계없이 쌍방의 소작 계약은 고정되어 있어 소작료의 증가나 삭감은 없다. 지금 이 소작 계약 문서를 작성하여 이후에 참고할 증빙으로 삼는다.

소작계약인　吳國志(서명)
건륭 8년 9월 25일
증인　吳邦祥(서명)
대필인　謝元會(서명)
5곡 풍성

　　2필지의 농지에 대한 소작 계약문서이다. 소작료를 정하고 수확량에 관계없이 납부해야 한다는 사항을 명시하였다. 소작료 이외에도 당시의 소작관행에 따라 명절 등을 맞아 선물해야 하는 현물을 화폐로 환산하여 지주에게 납부할 것도 명시하였다.

立承佃黃天奇今田無田耕作托中向主

張繼清處承乇有民田根壹號坐產本鄉地方

土名洋尾門前洋等處受種壹斗叁升

承未用心耕作逐年旱冬不拘損熟旱冬

兩季四六分收田主六分耕者四分兩季收成

之日預先報知後田主到田看割分收不得

私割等情如有等情係保佃人之事合歡

有憑立承佃□綜為照

道光拾伍年二月　日立承佃黃天奇

　　　　保耕蔣從龍

立承佃黃天奇, 今因無田耕作, 托中向在張繼清處承出有民田根壹號, 坐産本鄉地方, 土名洋尾、門前洋等處, 受種一斗三升, 承來用心耕作, 遞年早冬不拘損熟, 早冬兩季四六分收, 田主六分, 耕者四分。兩季收成之日, 預先報知後, 田主到田看割分收, 不得私割等情。如有等情, 系保佃人之事。今欲有憑, 立承佃一紙爲照。

道光十五年二月日立承佃　黃天奇(押)
保佃　蔣從龍(押)

농지 소작 계약서를 작성한 사람은 黃天奇이다. 지금 경작할 수 있는 땅이 없기 때문에 중개인을 청하여 張繼淸 으로부터 民田根 1 필지를 얻어 세심하게 경작한다. 토지는 본향에 위치해 있으며 토지명은 洋尾, 门前洋 등이다 이 토지에 파종하는 종자의 수량은 1斗3升이다. 연초와 겨울 두 절기에 풍흉에 관계없이 연초와 겨울 두 번의 수확은 모두 4대 6으로 나누고 토지의 주인이 6을 가지고 소작인이 4를 가진다. 연초와 겨울 두 절기에 논의 벼가 무르익는 시기를 기다려, 또 수확을 하는 날이 되면 토지의 주인에게 미리 알려야 하고 주인은 직접 와서 눈으로 검사하고 확인한 이후에야 수확할 수 있으며 소작인은 자기 마음대로 수확하는 등의 행위를 할 수 없다. 만약 그런 일이 발생하면 소작인의 보증인이 책임을 진다. 이제 증빙을 위하여 이 소작계약서를 작성하여 증거로 삼는다.

도광 15년 2월 일
소작인　黃天奇(서명)
보증인　蔣從龍(서명)

농지 소작 계약서이다. 소작인은 주인으로부터 1필지 농지의 소작권을 얻어 4대 6의 비율에 따라 租穀을 납부하기로 약정하였다. 또한 소작인이 계약사항을 어기는 행위를 할 경우 보증인도 연대책임을 진다는 내용을 명시하였다.

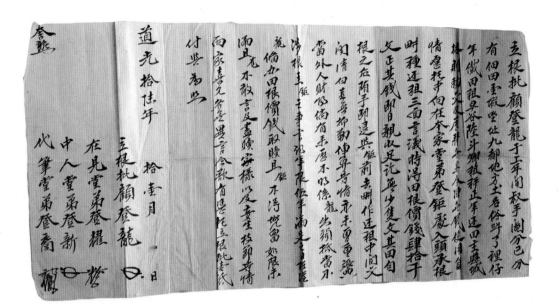

立根批顧登龍, 于上年間叔手鬮分己分有佃田一垼, 坐址九都地方, 土名俗叫了
里仔, 年載田租早穀六斗鄉租秤正, 年還田主縣城林則勒交收, 歷耕無異。今因
無錢使用, 自情願中向在本家堂弟登鋸處入頭承根畊種還租, 三面言議, 時得田
根價錢四十千文正。其錢即日親收足訖, 無少只文, 其田自根之後, 随手即退與
鋸前去畊作還租, 中間交閱清白, 并無抑勒俥算等情, 亦未曾重张典當外人財
物, 倘有來歷不明, 係龍出頭抵當, 不涉根主鋸之事。言仍年限五年, 满足之日
任憑龍備辦田根價錢取贖, 且鋸不得兜留, 如限未满且龍不敢言及盡贖字样, 以
及妄生枝節等情。两家喜允, 各無異言。今欲有憑, 托立限批一抵付餘爲照。

道光十六年十一月　　日
立根批顧登龍(押)
在見　堂弟登耀(押)
中人　堂弟登新(押)
代筆　堂弟登裔(押)
[合體字]大吉熟

토지 매매 계약을 맺은 사람은 顧登龍으로 작년에 숙부의 유산을 계승하여 한 필지
토지의 사용권을 얻었다. 이 땅은 본현 9都에 있으며, 여기에서 매년 내는 田租는
租穀 6두이다. 매년 租穀을 토지의 소유권자인 林則勒에게 보내야 한다. 이제까지
계속 이런 식으로 농사지어 왔으며 아무런 변화가 없었다. 현재 顧登龍은 쓸 돈이
없는 관계로 중개인에게 부탁하길 원하였고 (중개인은) 본가의 堂弟인 登鋸에게
소개하여 그가 와서 농사짓고 더불어 田租를 납부하는 책임을 지게 하였다. 삼자가

상의를 한 후 토지소유권의 대금으로 40,000枚의 동전을 받았다. 이 금액은 오늘 직접 전달하며 1文도 부족해서는 안 된다. 이 토지는 매매 계약이 작성되는 대로 즉각 登鋸에게 물려주어 그가 와서 농사짓고 田租를 납부하도록 한다. 이번 거래는 중간에 양도하는 과정이 분명하여 결코 강압적이거나 불공정한 정황이 없었으며 일찍이 이 토지를 이용하여 저당을 잡혀 다른 사람의 재물을 취한 적도 없었다. 만약 내력이나 경과에 불분명한 정황이 있으면 모두 매도인인 顧登龍이 직접 나와서 그 책임을 지며 토지의 새로운 사용자인 顧登鋸에게는 영향을 주지 않는 일이다. 쌍방은 5년을 연한으로 정하여 그 이후에는 顧登龍이 그의 뜻에 따라 돈을 준비하여 해당 토지를 회속하며 더불어 登鋸는 자기의 소유로 점유할 수 없다는 것에 합의하였다. 만약 연한이 차지 않았다면 顧登龍은 앞당겨서 회속이나 추가 대금을 요구하는 등 다른 문제를 일으켜서는 안 된다. 양쪽 집안은 모두 기분 좋게 결정을 내렸으며 각 집안에는 동의하지 않는 의견이 없다. 이후에 증빙을 위하여 다른 사람에게 부탁하여 1장의 매매계약서를 작성하여 이후의 증거로 삼는다.

도광 16년 11월 일
소작권 매매 계약서 작성인 顧登龍(서명)
증인   堂弟 登耀(서명)
중개인   堂弟 登新(서명)
대필인   堂弟 登裔(서명)
[合體字] 크게 길하고 풍년이 든다


## 해설

농지의 소작권 매매 계약서이다. 숙부로부터 물려받은 토지의 소작권을 같은 집안의 사람에게 매매하였다. 기한을 5년으로 정하고 기한 전에는 회속과 조첩이 불가능함을 명시하였다.

立根批顧進財, 于上年間祖父手鬮分己業有佃田一塅, 坐址九都地方, 土名俗叫了里仔, 年載田租早穀六斗鄉租秤正, 年還田主縣城林則勒交收, 歷耕無異。今因無錢使用, 自情願托中向在本家胞叔步梯處入頭承根爲業, 三面言議, 時得田根價錢六十五千二百文正。其錢即日親收足訖, 無少只文, 其田自根之後, 随批即退與梯前去畊作還租, 中間交閱清白, 并無抑勒俾算等情, 亦未曾重張典當他人財物, 倘有來歷不明, 係財出抵, 不涉根主梯之事。言約年限不論限, 任從財費辦田根價錢取贖, 且梯不得兜留字樣, 以及妄生枝節各等情。兩家甘允無悔。今欲有憑, 托立根批一紙付與梯爲照。

同治十一年正月　　日
立根批　顧進財(押)
在見　胞叔步行(押)、胞叔步升(押)、胞叔步进(押)
代笔　中叔步開(押)
[左上角合體字] 根批大熟

매매 계약을 작성한 사람의 이름은 顧進財로 1년 전에 조부로부터 토지 1필지의 경작권을 나눠받았는데, 위치는 9都, 매년 얻는 田租는 租穀 6斗이며 매년 모두 주인 林則勒에게 납부한다. 이러한 방식은 줄곧 달라지는 바가 없었다. 현재 쓸 돈이 없는 관계로 중개인에게 부탁하길 원하였고 (중개인은) 본가의 숙부인 步梯를 소개하여 그가 와서 농사를 짓고 田租 납부의 책임을 지도록 하였다. 삼자가 상의를 한 후 대금으로 총합 동전 65貫 200枚를 산정하였으며 이 돈은 오늘 (步梯가) 직접 모두 납부하며 한 푼이라도 부족해서는 안 된다. 이 토지는 계약이 작성된 후 계약에 따라 즉각 양도되어 步梯가 와서 농사짓고 田租를 납부한다. 그 중간의 인수인계 과정은 분명하고 결코 강박이나 불공정한 현상이 없으며 일찍이 이를 이용하여 전당을 잡혀 다른 사람의 재물을 취한 적도 없다. 만약 내력이나 경과에 불분명한 상황이 생기면 모두 顧進財가 직접 와서 책임을 지며 步梯에게는 영향을 주지 않는 일이다. 구체적인 연한을 약정하지는 않으며 顧進財의 뜻에 따라 돈이 준비되면 이 토지를 회속하며 더불어 步梯는 (계약서) 위에 다른 것을 쓰거나 기타 골치 아픈 상황을 더해서는 안 된다. 양 가문이 모두 동의하기를 원한 것이니 돌이키려 해서는 안 된다. 이후에 증빙을 위해 중개인을 찾아 계약서를 작성하여 步梯에게 줌으로써 이후 참고할 증거가 되도록 한다.

동치 11년 정월 일
소작권 매매 계약서 작성인 顧進財(押)
증인 胞叔 步行(押), 胞叔 步升(押), 胞叔 步进(押)
대필인 中叔 步開(押)
[合體字] 소작 대풍

해설

　농지의 소작권 매매 계약서이다. 조부로부터 물려받은 토지의 소작권을 같은 집안의 사람에게 매매하였다. 기한을 정하지는 않았지만 회속이 가능하다는 것도 명시하였다.

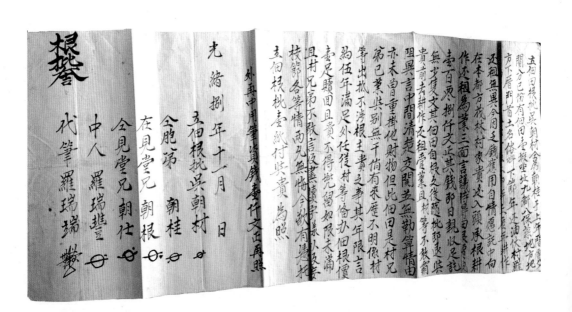

立佃田根批吳朝材、同弟朝桂, 于上年間承父闔分己份, 有佃田一塅, 坐址九都八寶菜地方, 地方下厝門首, 土名俗呌下, 節年還油伏村羅□□□□□□□□□□□歷年耕作, 還租無異。今因乏錢應用, 自情願托中向在本都方茂林村家貴處入頭承根耕作還租爲業。三面言議, 時得田根價錢一百零八千文正, 其錢即日親收足訖, 無少只文。其佃田自根之後, 随批即退與貴前去耕作還租管業, 且材等不敢霸阻異言。中間清楚交關, 并無勒算情由, 亦未曾重挂他財物, 但此佃田是材兄弟己業, 與別無干。倘有來歷不明, 系材等出抵, 不涉根主貴之事。其年限言约五年满足外, 任從材等備辦, 佃根價一足贖回, 且貴不得兜留, 如限未满, 且材兄弟不敢言及盡贖字样, 以及妄枝節各等情, 兩允無悔。今欲有憑, 托立佃根批一紙付與貴爲照。

外 : 再中用筆資錢一千文正, 再照。

光緒八年十一月日立佃根批 吳朝材(押)

仝胞弟　朝桂(押)

在見　堂兄　朝根(押)

同見　堂兄　朝仕(押)

中人　　羅瑞豊(押)

代筆　　羅瑞端(押)

[合體字] 根批大吉。

吳朝材와 동생 吳朝桂는 농지 소작권을 매매하는 계약서를 작성한다. 두 형제는 작년에 부친으로부터 유산으로 받은 1필지의 소작권이 있는데, 위치는 9都의 八宝

菜 지역 아래쪽 厝門首에 있으며 토지명은 俗呌下이다. 해당 토지는 부친이 매년 경작하던 것으로 기간에 맞추어 소작료를 납부하는 것에 이견이 없었다. 이제 사용할 돈이 부족하여 스스로 원하여 중개인을 청하여 잘 합의하여 茂林村의 家貴를 소개하여 그가 소작을 담당하고 더불어 주인에게 소작료를 납부한다. 삼자가 상의한 결과 당시에 얻은 돈은 108,000文으로 그 돈은 오늘 직접 수령하였으며 한 푼도 부족하지 않았다. 이 소작권은 즉시 家貴 앞으로 양도하여 경작과 소작료 납부를 관리한다. 우리 朝材 형제는 이를 방해해서는 안 되며 다른 의견을 가져서도 안 된다. 모든 관계는 확실하게 인수인계되었으며 갈취하려는 의도는 전혀 없다. 이 소작지는 우리 형제의 가업으로 그 외의 사람과 전혀 관계가 없다. 만약 내력이 불명한 것이 있으면 이는 吳朝材 등이 저당 잡힌 것으로 소작인과는 아무런 관계가 없다. 쌍방의 상의가 잘 이뤄져 5년의 기한이 만료된 이후 언제든지 吳朝材 등이 돈을 준비하면 회속할 수 있으며 家貴는 이유를 찾아내어 (朝材를) 수고롭게하고 토지를 돌려주지 않으면 안 된다. 만약 기한이 만료되지 않았으면 吳朝材 형제는 회속의 일을 언급하거나 문제를 일으켜 분쟁을 만들어서는 안 된다. 쌍방이 동의하였으니 이 거래에는 원망이나 후회가 전혀 없다. 이제 증빙을 위하여 계약서 1장을 家貴와 함께 작성하여 증거로 삼는다.

그 외 중개인과 대필인에게는 錢 1,000문을 지불한다. 특별히 이를 설명한다.

광서 8년 11월 일
계약서 작성인 吳朝材(서명) 동생 朝桂(서명)
증인 堂兄 朝根(서명), 증인 堂兄 朝仕(서명)
중개인 羅瑞豐(서명)
대필인 羅瑞端(서명)
[合體字] 소작 대길

농지 소작권을 매매하는 계약이다. 여기에서 吳朝材 형제가 부친이 소작했던 농지의 소작권을 물려받아 다시 다른 사람에게 소작을 준 것은 매우 자연스러운 상황이다. 또한 중개인과 대필인에게 일정액의 수고비를 지불하였다. 수고비를 주었다고는 하지만 해당 항목의 지출이 전체 거래 금액의 0.9%에 불과하다. 따라서 이는 단지 일종의 특수성을 띤 수고비일 뿐이었다.

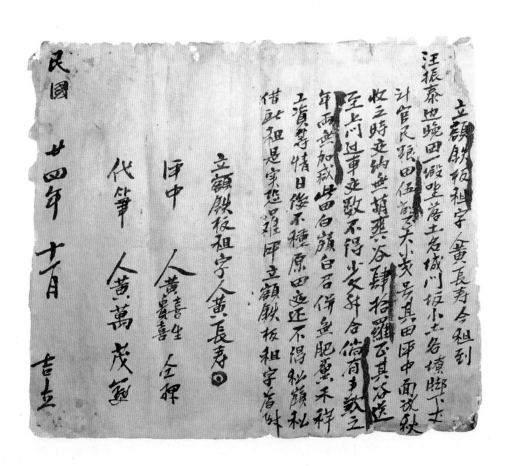

立額歟板祖字 黃長壽今租到
汪振泰邊晚四一叚坐落土名城川坡小土名壙脚下丈
計管民粮田伍叚契大小共号其田坪中面議秋
收三時运纳無朝葵谷肆拾羅正其谷送
至上川迟事运数不得少欠合佾有主敢之
年兩無加減此田白嶺白召佾無肥薰禾秤
工資尊情日後不種原田运还不得秘嶺私
借此祖是实恐難中立額歟板祖字店附

立額歟板祖字人黃長壽◉
中　人黃喜生　全押
代筆　黃萬茂

民國　廿四年　十月　吉立

立額鐵板租字人黃長壽，今租到汪振泰邊晚田一塅，坐落土名城門阪，小土名撩腳城下。丈計官民田五畝正，大小二號。其田憑中面議，秋收之時交納無葫□穀肆拾羅正。其穀送至上門過車交數，不得少交升合。倘有豐歉之年，兩無加減。此田白嶺白召，併無肥糞禾杆工資等情。日後不種，原田交還，不得私嶺私借。此租是實，恐口難憑，立額鐵板租字爲據。

立額鐵板租字人　黃長壽(押)

憑中人　黃喜生(押)、貴喜(押)

代筆人　黃萬茂(押)

民國廿四年十一月吉立

고정 소작료인 鐵板租 계약 문서를 작성한 사람은 黃長壽이며, 그는 현재 汪振泰 명의 하의 晚田을 소작하려 한다. 해당 토지는 城門阪에 위치하며 作撩腳城下라고 한다. 이 토지는 관청에 등기할 때 면적을 5畝로 등록하여 이에 상응하는 세금을 내야하며 크고 작은 2필지의 토지를 포함한다. 중개인에게 청하여 만나서 상의하여 추수할 때 소작료를 다 내야하고 백미와 현미 40籮를 내기로 정하였다. 이곡물은 지주에게 보낼 때 쭉정이를 걸러낸 상태여야 하며 정해진 양보다 적게 내서는 안 된다. 설령 풍년이거나 혹은 흉년인 경우라도 소작료에 가감은 없다. 이 토지는 소작호가 저당 잡히고 나서 소작권을 얻을 필요가 없으니 지주는 저당금을받지 않는다. 소작호가 토지를 반환할 때 지주는 소작호에게 糞土銀 등 그들이 농사에 투자한 돈을 보상할 필요가 없다. 이후에 만약 경작하지 않게 된다면 해당토지를 지주에게 반납하며 소작호가 멋대로 해당 토지를 다른 사람에게 양도하여 소작시킬 수 없다. 이 소작 계약서는 진실된 것이며, 구두로는 증빙이 없게 되니 이 鐵板租 계약 문서를 작성하여 증서로 삼는다.

鐵板租 계약서 작성인　黃長壽(서명)
중개인　黃喜生(서명), 貴喜(서명)
대필인　黃萬茂(서명)
민국 24년 11월 길일 작성

**해설**

　　농지 소작 계약서이다. 여기에서 주목할 만한 것은 鐵板租라고 부르는 고정 소작료이다. 이는 풍흉에 상관없이 고정으로 정해진 액수이며 이 소작 계약에서는 곡물, 구체적으로는 백미와 현미 40籮를 내기로 하였다. 소작료로 내는 곡물의 상태에 관해서도 구체적인 도정의 방법까지 명시하고 있다.

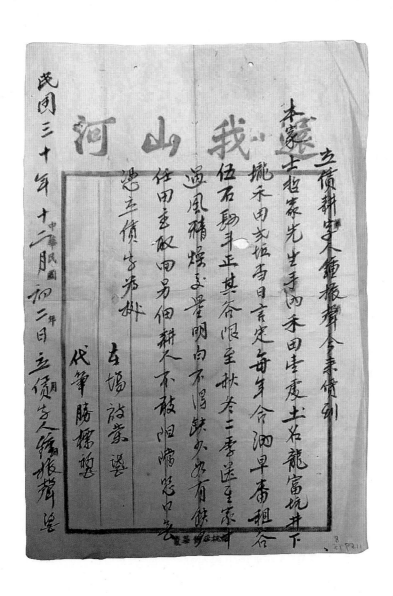

立賃耕字人鍾振聲, 今來賃到本家士哲家先生手內禾田一處, 土名龍富坑井下
壠禾田二坵, 當日言定每年合納早番租穀伍石肆斗正。其穀限至秋冬兩季送至
家中, 過風精燥, 交量明白, 不得缺少。如有缺少, 任田主取回另佃, 耕人不敢阻
擋。恐口無憑, 立賃字爲據。


在場　啟業(押)
代筆　騰標(押)
民國三十年十二月初二日立賃字人　鍾振聲(押)

농지 소작 계약서를 작성한 사람은 鍾振聲이다. 그는 현재 본 가족 내 鍾士哲 선
생 수중의 禾田, 즉 龍富坑井下壠이라고 하는 2 필지의 토지를 소작하기로 하였
다. 당일에 쌍방이 상의하여 다음과 같이 정하였다: 소작호 鍾振聲은 매년 5擔 4斗
의 곡물을 소작료로 납부하며, 이 곡물은 반드시 풍차의 풍력을 써서 좋은 볍쌀과
그 쭉정이를 분리한 후에 정미하여 건조시킨 쌀알맹이여야 하며 가을과 겨울에 鍾
士哲 선생의 집으로 보내야 한다. 이 곡물 납부 수량은 다 채워야 하며 부족함이
있어서는 안 된다. 만약 부족함이 있으면 지주가 소작권을 회수하여 다른 사람에게
주어 경작시킨다. 소작인인 鍾振聲은 이를 막을 수 없다. 구두로는 증빙이 없게
되니 이 소작계약서를 작성하여 증서로 삼는다.


증인　啟業(서명)
대필　騰標(서명)
민국 30년 12월 초2일 소작계약서 작성인　鍾振聲(서명)

이 소작계약에서도 정해진 소작료를 곡물의 형태로 내도록 하였다. 도정의 형식과 방법에 대해서도 구체적으로 명시되어 있다. 소작료가 부족할 경우에는 언제든지 주인이 소작권을 회수할 수 있음도 설명되어 있다.

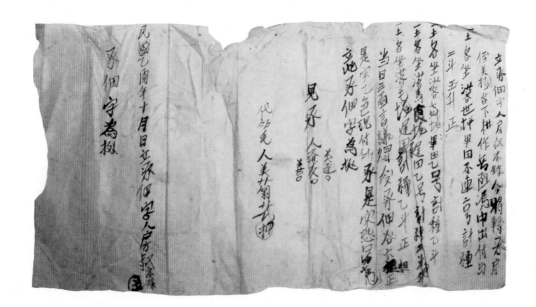

立承佃字人房叔濟録, 今將轉承房侄美樹名下耕作無阻。憑中出付與 :

一土名坐落世坪早田, 不連二號, 計種二斗五升正 ;

一土名坐落七□□, 早田乙號, 計種乙斗 ;

一土名坐落馬食輦, 遲田乙號, 計種二斗五升正 ;

一土名坐落毛輦, 遲田田計種乙斗正 ;

當日三面言議, 得受承佃穀六擔正是實。乙色現付。所承是實, 恐口無憑, 立此承佃字爲據。

見承人　美連(押)、濟友(押)、(濟)喜(押)

代筆人　美菊花(押)

民國乙酉年十月日立

承佃字人　房叔濟録(押)

承佃字爲據

소작권 양도 계약서를 작성한 사람은 숙부 程濟録이다. 현재 자신이 소작하고 있는 토지의 경작권을 본가 내의 조카인 程美樹의 명의로 넘겨 경작하도록 하였다. 중개인에게 청하여 다음을 조카에게 넘기도록 하였다.

一토지명 및 위치: 世坪早田, 不連 2號, 경작량 2斗 5升正

一토지명 및 위치: 七□□, 早田 1號, 경작량 1斗

一토지명 및 위치: 馬食輦, 遲田 1號, 경작량 2斗 5升正

一토지명 및 위치: 毛輦遲田田, 경작량 1斗正

당일에 삼자가 만나서 의논하여 6擔의 租穀을 대가로 받기로 정하였다. 程美樹가

바로 지불하였으며, 모두 수령하였다. 구두로는 증빙이 없게 되니 이 소작계약서
작성하여 증서로 삼는다.

증인    美連(서명), 濟友(서명), (濟)喜(서명)
대필인    美菊花(서명)
민국 을유년 10월    일 작성
소작계약서 작성인    숙부 濟錄(서명)
첨언: 소작계약서를 증거로 삼았다.

　　농지의 소작권을 매매한 계약서이다. 程濟錄이 조부로부터 물려받은 소작권
을 조카인 程美樹에게 매매하였다. 토지에 대한 설명과 아울러 소작료의 액수
등을 기록하였다.

## 2) 산지 소작 계약서

**79** 명 천순 6년 汪仕興 등 산지 소작 계약서                 안휘성, 1462

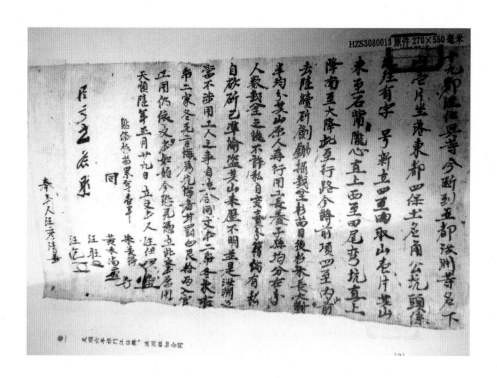

十九都汪仕興等, 今斷到五都洪淵等名下山一片, 坐落東都四保, 土名角公坑頭, 系經理有字 號, 新立四至, 內取山一片, 其山東至石嘴隴心直上, 西至四尾彎坑直上降, 南至大降, 北至行路。今將前項四至內山, 前去陸續斫左發右立刀旁鋤掘, 栽坌杉苗, 日後長大, 對半均分。其山原人再行用工長養, 子孫均分, 在分人數栽坌分之後, 不許私自變賣分籍, 倘有私自砍斫, 已準偸盜。其山來歷不明, 并是汝淵之當, 不涉用工人之事。自立合同文書二紙, 各收壹紙, 二家各無言悔, 先悔者甘罰白銀拾兩入官正用, 仍依文本如始。今恐無憑, 立此文書爲用。

天順陸年正月二十九日立文書人　汪仕興(押)
同 朱美得(押)、黃禾尚(押)、汪旺(押)、汪乞(押)
奉書人　汪彥淸(押)
貼備杉樹苗, 累年壹半。

19都의 汪仕興 등은 5都의 洪淵 등 명의의 산지, 東都四保에 위치하며 토지명은 角公坑頭, 동쪽은 石嘴隴心, 서쪽은 四尾彎坑, 남쪽은 大降, 北쪽은 도로에 면한 1필지를 소작하기로 계약한다. 묘목을 심고 자란 후에는 균분한다. 해당 산지의 내력이 불명한 것은 산주의 책임이며 소작인의 일이 아니다. 계약문서 2부를 작성하여 각각 1부씩 보관하며 쌍방 모두 후회가 없으며 먼저 후회하는 쪽이 벌금으로 백은 10량을 상대방에게 지급한다. 증빙이 없을 것을 염려하여 이 계약서를 작성한다.

천순 6년 정월 29일 계약서 작성자　汪仕興(서명)
朱美得(서명)、黃禾尚(서명)、汪旺(서명)、汪乞(서명)

대필인　汪彥清(서명)

나무의 묘목을 심고 자라면 절반씩 나눈다.

汪仕興 등의 산지 소작 계약이다. 해당 문서에서 汪仕興은 산주 洪淵의 명의 아래에 있는 산지 한 군데를 임대하여 직접 묘목을 심고 길렀으며 산장의 일상적인 관리 과정 중에 "長養工食"을 획득하였다. 그리고 나무가 다 자라서 목재가 되기를 기다려 산주와 반으로 균분하는 조건을 명시하였다.

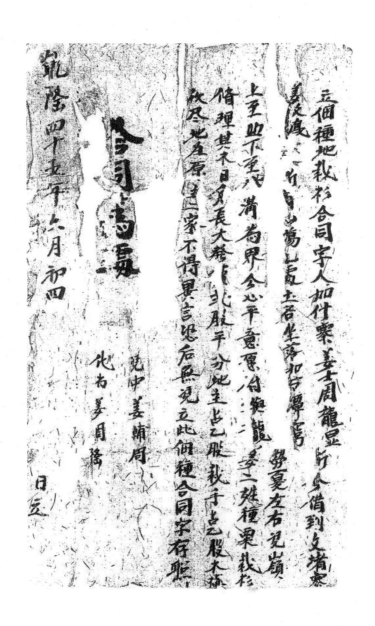

立佃種地栽杉合同字人, 加什寨姜士周、龍顯行, 今天借到文堵(文鬥)寨薑文
鳳、□□□山場一處, 土名□□□□□, 左右憑嶺、上至凹、下至水溝爲界。今
心平意願付與龍薑二姓種粟栽杉修理, 其木日後長大發賣, 二股平分, 地主占
一股、栽手占一股。木植砍盡, 地歸原主, 二家不得異言。恐後無憑, 立此佃種
合同字存照。

合同爲據
憑中　姜□周
代書　姜周隆
乾隆四十五年六月初四日　立

加什寨의 姜, 龍 두 姓은 文堵(鬥)寨의 □□□山場을 소작하기로 하고 계약서를
작성하였다. 토지명은 □□□□□, 좌우로는 고개가 있고, 위쪽은 오목하게 파였
고, 아래는 도랑으로 경계를 삼는다. 산장은 姜 , 龍 두 姓이 곡식을 키우면서 나
무를 재배하도록 하였다. 목재에 대한 지분은 2股로 균분하여, 지주가 1股를 점하
고 소작농이 1股를 점한다. 벌목 이후 토지는 원 주인에게 귀속되며 두 집안은 이
의를 제기해서는 안 된다. 이후 증빙이 없을 것을 우려하여 소작계약서를 작성하여
증거로 삼는다.

계약서가 증거가 된다
중개인　姜□周
대필인　姜周隆
건륭 45년 6월 초4일 작성

이 산지 소작 계약서는 비교적 전형적인 사례로서, 계약서에 계약 당사자 쌍방의 관련 정보를 언급하고 산지의 경계를 서술하고 있다. 중요한 것은 목재의 분배 비율을 명확히 하고 있다는 것이다. 청수강 유역에서 인공조림 과정 중 산지 개척, 묘목 키우기부터 재배, 숲 조성 등의 모든 관리 공정은 소작농이 담당하였다. 산지의 주인은 약정한 수익 분배 비율에 따라 이익을 분배받았다. 일반적인 상황에서 산지 소작 계약에는 숲 조성 기한을 명확히 하여 소작농이 농사만 짓고, 숲 조성을 소홀히 하는 것을 방지하려 하였다. 숲이 조성된 이후 산장의 주인과 소작농은 일반적으로 목재 분배 비율을 개정할 수 있는 계약을 하여 다시 각자의 수익 분배 비율을 조정할 수 있었다. 당연히 이러한 비율은 산지의 위치, 개척의 난이도 등에 따라 변화가 발생하였다. 건륭 연간에는 대부분 1:1의 비율로 수익을 분배하였고 심지어 소작농의 수익 분배 비율이 산주보다 높기도 하였다.

# 81 민국 5년 龍發太 등 산지 소작 계약서

귀주성, 1916

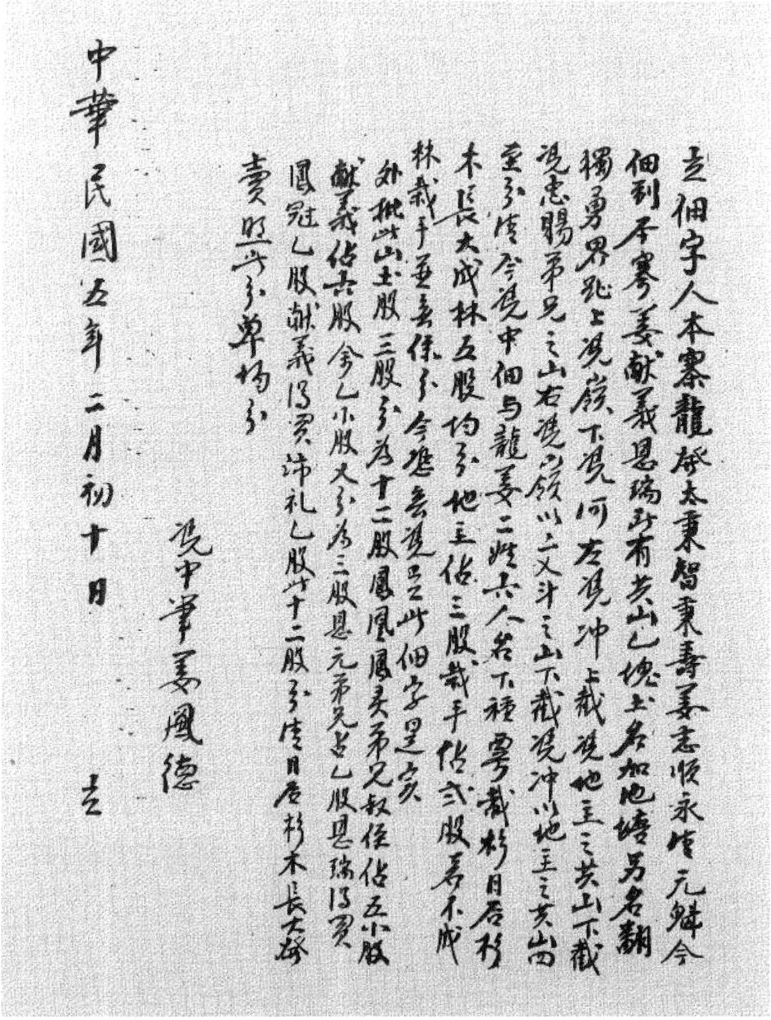
立佃字人本寨龍發太、東智、東壽、姜志順、永修、元魁，今
佃到本寨姜獻義、恩瑞所有共山一塊，土名加地塘，另名翻
獨勇，界址上憑岭，下憑河，左憑沖，上截憑地主之共山，下截
憑忠賜弟兄之山，右憑小嶺以上又斗之山，下截憑沖以地主之共山
為界。今憑中佃與龍、姜二姓共八人名下種粟栽杉，日后杉
木長大成林，五股均分，地主佔三股，栽手佔弍股。若不成
林，栽手並無係分。今恐無憑，立此佃字是實。
外批：此山土股三股分為十二股，鳳園、鳳鳳、鳳來弟兄叔侄佔五小股，
獻義佔六股，今一小股又分為三股，恩元弟兄占一股，恩瑞得買
鳳冠一股，獻義得買沛礼一股，此十二股分清，日后杉木長大，發
賣照此分單均分。

憑中筆 姜鳳德

中華民國五年二月初十日 立

立佃字人本寨龍發太、秉智、秉壽、薑志順、永生、元魁今佃到本寨薑獻義、恩瑞所有共山一塊, 土名加池塘另名翻獨勇, 界止上憑嶺、下憑河、左憑沖上截憑地主之共山下截憑忠賜弟兄之山、右憑嶺以上文鬥之山下截憑沖以地主之共山, 四至分清。今憑中佃與龍薑二姓六人名下種粟栽杉, 日後杉木長大成林, 五股均分, 地主占三股、栽手占二股。若不成林, 栽手並無係分。今恐無憑, 立此佃字是實。

外批：此山土股三股分爲十二股, 鳳凰、鳳靈弟兄叔侄占五小股, 獻義占六股, 餘一小股又分爲三股, 恩元弟兄占一股、恩瑞得買鳳冠一股、獻義得買沛禮一股, 此十二股分清, 日後杉木長大發賣, 照此分單均分。

憑中、筆　薑鳳德
中華民國五年二月初十日　立

龍發泰、秉智、秉壽、薑志順、永生、元魁 등은 薑獻義、恩瑞 등에게 토지명 加池塘 또는 翻獨勇의 산지를 소작 맡기고 계약서를 작성하였다. 산지의 경계는 위로는 산, 아래로는 강, 왼쪽은 지주와 형제의 산지, 오른쪽은 지주의 산지에 접하고 사방의 경계가 분명하다. 중개인을 통하여 龍、薑 등 두 성씨 6명에게 소작을 맡겨 묘목을 심고 삼나무를 기른다. 이후 나무가 자라 숲을 이루면 5등분하여 지주는 5분지 3을 갖고 소작인은 5분지 2를 가진다. 만약 숲을 이루지 못하면 소작인의 지분은 없다. 증빙이 없을까 우려되어 소작계약서를 작성한다.

중개인 겸 대필인　薑鳳德
중화민국 5년 2월 초10일 작성

　민국 시기의 산지 소작 계약서이다. 청수강 유역 산장의 소작 계약은 비록 수백 년간 이어져 왔지만 서식은 거의 변하지 않았다. 계약 쌍방, 소작하는 산지의 명칭, 경계, 계약 쌍방의 수익 분배 비율, 숲 조성 기한 등이 서식의 필수 요소였다.

　이 계약에서도 지분 비율과 숲 조성 기한을 약정하였고 지분의 구체적인 점유와 양도 상황을 첨부하였다.

　계약서에서 비록 소작의 목적이 "粟를 경작하고 삼나무를 기른다(種粟栽杉)"고 하였지만 민국 시기에 이르러 청수강 유역의 목재 시장은 계속 번영하였기 때문에 山主들의 주된 관심은 林農의 "糧食不足" 문제가 아닌 목재의 벌목과 판매였다. 숲 조성과 벌목 및 판매를 통해 수익을 확보하기 위해 소작 계약에 왕왕 산림 조성의 기간을 규정하여 林農이 나무 사이에서 농사를 짓는 데만 신경 쓰고 나무 재배에 소홀히 하는 것을 방지하려 하였다. 숲을 조성하는 기한은 대부분 2년에서 8년 사이였으며 민국 시기에는 대부분 3년이었다. 본 계약에는 구체적인 산림 조성 기간이 명기되어 있지 않지만 민국 시기였으므로 3년일 것으로 추정된다. 만약 기한이 넘었는데도 삼림을 조성하지 못하면 대부분 林農이 책임져야 하는데, 본 계약에서는 "栽手는 몫이 없게 된다(栽手並無係分)"고 하고 있다.

　이 외에 "첨언"를 통해 山主들이 그들의 지분 3股에 대해 세분화를 진행하고 있음을 알 수 있다. 그 이 3股를 12股로 세분화하였고, 이 12股 중 1股를 또다시 3股로 세분화하였다. 이 3股 중 鳳冠와 沛禮가 점유한 2股를 恩瑞와 獻義에게 양도하였다. 이러한 지분 세분화와 지분 양도는 여기서 끝나지 않았다. 목재 벌목과 판매 시점에 최종적으로 지분을 가진 자가 가진 지분에 따라 수익을 분배받았다. 귀주성 동부의 산림 지역에서 "股"가 몇 차례까지 세분화될 수 있는지는 알 수 없지만 눈으로 확인한 것은 본 계약의 3차례였다. 지분의 계속된 세분화와 양도는 쉽게 지분권 혼란과 지분 비율 혼란을 야기하였다. 이러한 문제를 해결하기 위해 귀주성 동남부 삼림 지역에서는 "金額"으로 지분권을 표시하는 방법이 고안되었다. 지분이 세분화되고 양도되어 파편화 된다고 하더라고 일단 지분을 금액으로 표시한다면 각 지분 소유자가 점한 지분의 비율을 쉽게 산출할 수 있었던 것이다.

| 편저자 소개 |

## 허혜윤 淸代史 전공

연세대학교 사학과(문학사)
동 대학원 사학과(문학석사)
中國人民大學 淸史硏究所(역사학 박사)
현재 인천대학교 중국학술원 HK연구교수

주요 저역서
『중국관행연구의 이론과 재구성』(공저)
『중국토지법령자료집』(편저)
『외면당한 진실 중국향촌사회의 제도와 관행』(공역)

중국관행자료총서 12

# 민간계약문서로 본
# 중국의 토지거래관행

초판 1쇄 인쇄 2018년 8월 29일
초판 1쇄 발행 2018년 9월 5일

중국관행연구총서 · 중국관행자료총서 편찬위원회
위 원 장 | 장정아
부위원장 | 안치영
위    원 | 김지환 · 송승석 · 이정희 · 조형진

편 저 자 | 허혜윤
펴 낸 이 | 하운근
펴 낸 곳 | 學古房

주    소 | 경기도 고양시 덕양구 통일로 140 삼송테크노밸리 A동 B224
전    화 | (02)353-9908  편집부(02)356-9903
팩    스 | (02)6959-8234
홈페이지 | http://hakgobang.co.kr
전자우편 | hakgobang@naver.com, hakgobang@chol.com
등록번호 | 제311-1994-000001호

ISBN 978-89-6071-758-9 94910
      978-89-6071-740-4  (세트)

값 : 21,000원